Christian Püttjer & Uwe Schnierda

Die Bewerbungsmappe mit Profil für die erfolgreiche Initiativbewerbung

Campus Verlag
Frankfurt/New York

Bibliografische Information der Deutschen Bibliothek
Die Deutsche Bibliothek verzeichnet diese Publikation in der Deutschen Nationalbibliografie.
Detaillierte bibliografische Daten sind im Internet über http://dnb.ddb.de abrufbar.
ISBN 3-593-37425-0

2. Auflage 2004

Umschlaggestaltung: mancini-design, Frankfurt/Main
Fotos: Oliver Franke/ide stampe, Stampe
Satz: Typografie & Herstellung, Julia Walch, Bad Soden
Druck und Bindung: Druckhaus Beltz, Hemsbach
Gedruckt auf säurefreiem und chlorfrei gebleichtem Papier.
Printed in Germany

Inhalt

Jobsuche im verdeckten Stellenmarkt

Mit einer Initiativbewerbung eröffnen Sie sich ganz neue Horizonte im Bewerbungsverfahren. Sie werden unabhängiger von Stellenangeboten und können selbst auf die Suche nach Ihrer Wunschposition gehen. Aber Vorsicht: Eine Initiativbewerbung ist keine Blindbewerbung. Diese ist eine Art Bewerbungsrundschreiben, bestehend aus dem immer gleichen Standardanschreiben und einem schablonenhaften Lebenlauf, das der Bewerber an möglichst viele Firmen verschickt. Absagen lassen hier natürlich nicht lange auf sich warten. Ersparen Sie sich – aber auch den Unternehmen – dieses frustrierende Erlebnis. Zeigen Sie stattdessen Initiative bei Ihrer Bewerbung: Setzen Sie sich vor der Erstellung Ihrer Bewerbungsmappe mit den Wünschen der Firmen auseinander, und stimmen Sie Ihr Profil auf die Anforderungen des potenziellen neuen Arbeitgebers ab.

Auch wenn es mancher Bewerber nicht mehr hören mag: Die Forderung nach perfekten Bewerbungsunterlagen ist ernst zu nehmen. Es handelt sich hier nicht um eine Schikane der Unternehmen. Im Gegenteil, Personalverantwortliche sehen Ihre Bewerbungsmappe als erste Arbeitsprobe. Die bei der Bewerbung an den Tag gelegte Sorgfalt hat aus der Sicht von Personalverantwortlichen Signalwirkung. Denn wer schon bei dem ersten wichtigen Schritt in Richtung Stellenwechsel schludert, wird wahrscheinlich auch im Berufsalltag nicht so gründlich arbeiten, wie es wünschenswert wäre. Gerade bei einer Initiativbewerbung ist die zu leistende Vorarbeit außerordentlich wichtig. Bei einer Bewerbung auf eine Stellenanzeige hat man schließlich schon ein grobes Raster, an dem man sich orientieren kann. Diese Vorgaben fehlen bei der Initiativbewerbung. Bewerberinnen und Bewerber müssen also doppelte Vorarbeit leisten: Sie müssen zuerst ein mögliches Stellenprofil konstruieren und dann mit den schriftlichen Unterlagen darauf eingehen.

Wir wissen aus unserer Beratungspraxis, dass es nicht am bösen Willen von Stellensuchenden liegt, Initiativbewerbungen mit Rundschreibencharakter zu versenden. In der Regel ist es schlichtweg Orientierungslosigkeit, denn nur die wenigsten wissen, worauf es bei einer Bewerbung ankommt, welche Informationen geliefert werden müssen und wie man sich in ein gutes Licht setzt, ohne dabei zu übertreiben. Hinzu kommt das Problem, dass im Bewerbungsverfahren Schaden nicht klug macht. In der Regel wird die Mappe mit einem Absageschreiben zurückgesandt, ohne dass es Rückmeldungen über die konkreten Ablehnungsgründe gibt. Bewerber, die versuchen, aus dem Ablehnungsschreiben vom Unternehmen Tipps dafür zu bekommen, wie sie es das nächste Mal besser machen können, werden ewig im Dunkeln tappen.

Um Licht in die Geheimnisse der Bewerbung zu bringen, sollten Sie auf unser Insiderwissen zurückgreifen. Wir wissen aus unserer langjährigen Beratungspraxis, woran Bewerber scheitern und was zu tun ist, um eine Einladung zum Vorstellungsgespräch zu bekommen. Lassen Sie sich mithilfe der vielen Negativ- und Positivbeispiele zeigen, wie Sie

- ein Stellenprofil selbst konstruieren,
- persönliche Kontakte knüpfen,
- die Initiativbewerbung mit einem Telefongespräch vorbereiten,
- überzeugende Anschreiben formulieren,
- aussagekräfige Lebensläufe verfassen,
- gute Bewerbungsfotos anfertigen lassen,
- mit einer Leistungsbilanz Zusatzpunkte sammeln,
- Bewerbungsmappen sinnvoll zusammenstellen und
- die Unterlagen sicher auf die Reise bringen.

Profitieren Sie von unserer über zehnjährigen Erfahrung in der Beratung von Bewerbern. Es gibt zahlreiche Wege und Möglichkeiten, Ihr individuelles Profil so aufzubereiten, dass es Anklang in den Personalabteilungen der Unternehmen findet. Die Erfolge der von uns Beratenen zeigen, dass sich die Detailarbeit an der Bewerbung lohnt. Damit Sie wissen, wo Sie konkret ansetzen sollten, werden wir misslungene und gelungene Anschreiben, Lebensläufe und Bewerbungsfotos gegenüberstellen. Dadurch bekommen Sie das notwendige Gespür dafür, worauf die Beurteiler und Entscheider der Unternehmensseite achten und wie Sie Ihre individuellen Stärken herausstellen können.

Die Reihenfolge in dieser Arbeitsmappe orientiert sich an unserem Vorgehen in unserer Beratungspraxis. Zunächst zeigen wir Ihnen, wie Sie – ohne konkrete Stellenanzeige – ein mögliches Stellenprofil konstruieren. Anschließend erfahren Sie, wie sich daraufhin optimale Lebensläufe anfertigen lassen. Danach erläutern wie Ihnen, wie Sie persönliche Kontakte zum Unternehmen aufbauen und auf diese Weise wichtige Zusatzinformationen erhalten. Dann geht es an die Ausformulierung des Anschreibens, in das Sie die gewonnenen Informationen einfließen lassen. Runden Sie dann Ihre Bewerbungsmappe mit einem überzeugenden Foto ab. Denjenigen, die einen Joker im Bewerbungsverfahren ziehen möchten, zeigen wir auch, wie sich eine Leistungsbilanz erstellen lässt. Dieses zusätzliche Element in einer Bewerbung haben wir in unserer Beratungspraxis entwickelt. Richtig eingesetzt kann es den Bewerbungserfolg deutlich erhöhen. Wie Sie Ihre Arbeits- und Ausbildungszeugnisse, Ihre Weiterbildungsnachweise und die sonstigen Zertifikate in die Bewerbungsmappe einordnen, erfahren Sie danach. Zum Schluss liefern wir Ihnen zahlreiche gelungene Beispiele für komplette Initiativbewerbungen, mit denen Kunden von uns der Sprung in die neue Stelle gelungen ist.

Wir sind uns sicher, dass sich auch Ihre persönlichen Stärken besser als bisher in Schriftform darstellen lassen. Lassen Sie sich durch die vielen Beispiele und Muster inspirieren. Erarbeiten Sie sich eine individuelle und aussagekräftige Initiativbewerbung, mit der Sie Interesse an Ihren Fähigkeiten erwecken. Zeigen Sie Ihrem neuen Arbeitgeber bereits mit der ersten Arbeitsprobe, dass von Ihnen Überdurchschnittliches zu erwarten ist.

Bewerben mit der Püttjer & Schnierda-Profil-Methode

Bewerber, deren Unterlagen nichtssagend und deren Kenntnisse austauschbar erscheinen, machen es sich und den Unternehmen unnötig schwer, zueinander zu finden. Machen Sie es besser: Sie werden sich im Bewerbungsverfahren mehr Gehör verschaffen, wenn Sie Ihr Profil aussagekräftig und glaubwürdig vermitteln können.
Die Profil-Methode, die die Erfolgscoaches Christian Püttjer und Uwe Schnierda dazu in ihrer über 10-jährigen Beratungspraxis entwickelt haben, hat schon vielen Bewerbern zu mehr Erfolg verholfen.
(www.karriereakademie.de)

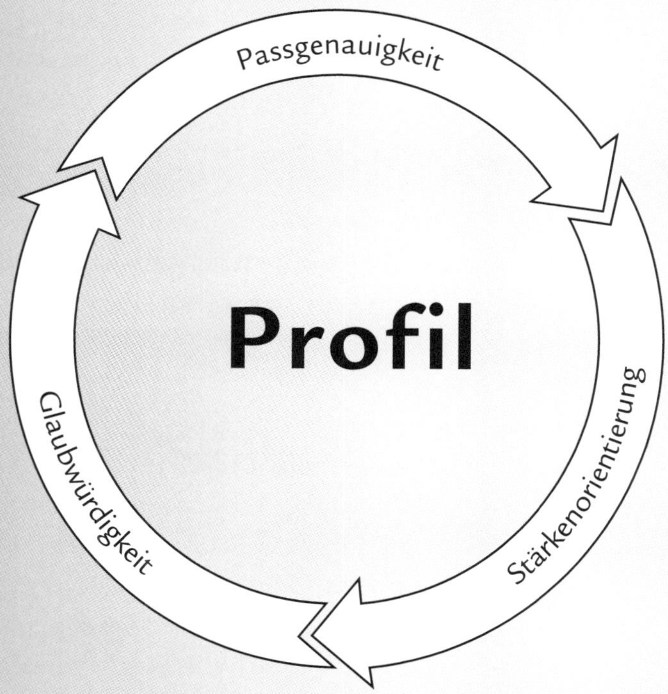

Drei Kernelemente kennzeichnen die Profil-Methode: Punkten Sie mit einer passgenauen Bewerbung, vermitteln Sie Ihre Stärken, und treten Sie glaubwürdig auf.

1. Passgenauigkeit

Je besser Sie in Ihrer Bewerbung auf die Anforderungen einer Stelle eingehen, desto höher ist Ihre Erfolgsquote. Machen Sie sich den Blick der Personalverantwortlichen zu eigen. Argumentieren Sie von den Anforderungen der zu vergebenden Stelle her. So wird Ihre Bewerbung passgenau.

2. Stärkenorientierung

Niemand lässt sich durch Krisen- und Problemschilderungen von etwas überzeugen – auch Unternehmen nicht! Verzichten Sie auf Abwertungen und Relativierungen, und stellen Sie lieber Ihre Vorzüge in den Mittelpunkt Ihrer Bewerbung. So werden Ihre Stärken sichtbar.

3. Glaubwürdigkeit

Verbiegen Sie sich nicht im Bewerbungsverfahren, Ihre Persönlichkeit ist gefragt! Verstecken Sie sich nicht hinter Leerfloskeln und abstrakten Formulierungen, liefern Sie stattdessen nachvollziehbare Beispiele, die Ihre Bewerbung mit Leben füllen. So gewinnen Sie Glaubwürdigkeit.

Alle im Campus Verlag erschienenen Bücher von Püttjer & Schnierda basieren auf der Profil-Methode. Profitieren auch Sie vom Wissen der Experten. Nutzen Sie diese Arbeitsmappe dazu, sich Schritt für Schritt Ihr eigenes Profil zu erschließen und es anderen zu vermitteln.

Stellenprofil: Die Wünsche der Unternehmen

Initiativbewerbungen eignen sich hervorragend, um abseits der üblichen Bewerbungspfade auf interessante Arbeitgeber zuzugehen. Für den Erfolg ist eine optimale Vorbereitung allerdings unverzichtbar. Blindbewerbungen, die sich mehr durch Masse als durch Klasse auszeichnen, sind völlig ungeeignet. Um bei Personalverantwortlichen echtes Interesse zu wecken, müssen Sie professionell vorgehen. Entschlüsseln Sie die Wünsche der Unternehmen. Beginnen Sie Ihre Initiativbewerbung mit der Ausarbeitung eines Stellenprofils.

Aktionismus in Aktion

Immer wieder versenden Initiativbewerber Bewerbungsmappen, ohne sich vorher mit den Wünschen der Unternehmen auseinander zu setzen und das eigene Profil darauf abzustimmen. Diese Bewerber verwechseln eine Initiativbewerbung mit einer Blindbewerbung. Nach dem Motto „Viel hilft viel!" werden allgemein gehaltene Bewerbungen, die auf jede Stelle gleich gut – genauer: gleich schlecht – passen, im Dutzend verschickt. Typische Negativmerkmale von Blindbewerbungen sind der immer gleiche Standardtext im Anschreiben und der schablonenhafte Lebenslauf. Viele Bewerber scheinen nach dem Prinzip Hoffnung zu verfahren. Sie handeln nach der Maxime „Soll der Personalverantwortliche doch selbst entscheiden, für welche Stelle ich geeignet sein könnte". Dieses Vorgehen führt aber geradewegs in die Sackgasse. Eine Initiativbewerbung, in der kein Profil zu erkennen und kein Einsatzbereich sichtbar ist, wird unweigerlich zu einer Absage führen. Es führt kein Weg daran vorbei: Die Arbeit, die bei einer Stellenausschreibung die Personalabteilung leistet, muss der Bewerber bei einer Initiativbewerbung selbst leisten. Das bedeutet, Sie müssen sich ein Stellenprofil für Ihre Wunschposition erarbeiten.

Informationen über das Unternehmen

Ein gelungenes Stellenprofil beginnt zunächst mit eher allgemeinen Informationen über das Unternehmen. Schließlich ist eine doppelte Passung gefragt: Wunschkandidaten müssen sowohl die Anforderungen der Stelle erfüllen als auch ins Unternehmen passen. Ein konservativer Mittelständler sucht andere Mitarbeiter als ein internationaler Konzern. Die Unternehmenskulturen unterscheiden sich deutlich. Wichtig ist auch herauszubekommen, an welchen Standorten das Unternehmen tätig ist. Es kann passieren, dass man an Ihnen interessiert ist, allerdings nicht an dem Ort, an dem Sie bisher tätig sind. Informationen über die Unternehmensgröße, zu den wichtigsten Dienstleistungen oder Produkten und über aktuelle Entwicklungen müssen recherchiert werden. Personalverantwortliche reagieren gekränkt, wenn aus der Bewerbung ersichtlich wird, dass der Kandidat sich nicht gründlich mit der Firma auseinander gesetzt hat.

Die zukünftigen Aufgaben

Ein Fehler, den viele Bewerber begehen, ist das völlige Ignorieren der zu erwartenden Aufgaben in der neuen Stelle. Wir erleben es häufig, dass Bewerberinnen und Bewerber sich über die bloße Angabe Ihrer Berufsbezeichnung ins Spiel bringen wollen. Es reicht aber nicht aus, sich selbst als Ingenieur/in, Verkäufer/in, Personalverantwortliche/r, Manager/in, Referent/in oder Assistent/in zu präsentieren. Die heutigen Arbeitsfelder sind so spezialisiert, dass die Berufsbezeichnung allein nicht mehr viel über die wahrgenommenen Aufgaben aussagt. Hier lohnt sich die Detailarbeit für Sie. Denn es ist ein offenes Geheimnis, dass diejenigen Bewerber, die in ihrer Bewerbungsmappe möglichst viele Überschneidungen zwischen den zukünftigen und bisherigen Aufgaben herstellen können, die besten Karten haben. Machen Sie sich deshalb bewusst, mit welchen Aufgaben Sie konfrontiert werden, wenn Sie in die anvisierte neue Position wechseln. Zeigen Sie, dass Sie kundenorientiert denken können. Argumentieren Sie aus der Perspektive Ihres potenziellen neuen Arbeitgebers.

Voraussetzungen des Bewerbers

Um berufliche Aufgaben erfüllen zu können, sind bestimmte Voraussetzungen nötig. Die Firmen unterscheiden hier fachliche Kenntnisse und persönliche Fähigkeiten, die auch Soft Skills genannt werden. Zum Bereich der fachlichen Kenntnisse gehört auch das im Studium oder der Ausbildung erworbene Wissen. Ganz entscheidend sind jedoch die in der Berufspraxis erworbenen Kenntnisse. Dazu zählen auch spezielle Branchenkenntnisse, die Ihnen den richtigen „Stallgeruch" geben. Abgerundet wird Ihre Fachkompetenz durch EDV- und Sprachkenntnisse. Besonders Ihre Soft Skills müssen anhand von Beispielen aus der Praxis erläutert werden. Es reicht keinesfalls aus, einfach zu behaupten „ich bin teamfähig, motiviert und flexibel". Sie werden nur dann überzeugen, wenn Sie nachvollziehbare Belege aus Ihrer bisherigen Berufstätigkeit liefern.

Kontaktdaten

Sie sollten keine Initiativbewerbung losschicken, ohne vorher einen Ansprechpartner für Ihre Unterlagen gefunden zu haben. Suchen Sie auf jeden Fall den persönlichen Kontakt. Möglichkeiten dazu bieten sich auf Fachmessen, Karrieretagen, Kongressen oder Fortbildungen. Natürlich können Sie auch Geschäftskontakte nutzen oder Networking betreiben. Es muss aber nicht immer der direkte Kontakt sein, ein professionell geführtes Telefonat wird Sie ebenfalls weiterbringen.

Aus der Praxis lernen

Anhand von einem Negativ- und einem Positivbeispiel für Stellenprofile werden Sie sehen, wie die Vorbereitung einer Initiativbewerbung aussehen sollte – und was passiert, wenn diese Vorarbeit nicht geleistet wurde.

Der Werbekaufmann Sebastian Kruse möchte sich beruflich verändern. In seiner momentanen Position kommt er mit seinen Aufgaben zurecht, fühlt sich aber in letzter Zeit nicht mehr richtig gefordert. Das Tagesgeschäft bietet ihm zu wenig Abwechslung, insbesondere fehlt ihm das strategische Arbeiten. In der örtlichen Tageszeitung hat er einiges über die innovative Agentur Schulz und Freunde gelesen und möchte sich dort mit einer Initiativbewerbung ins Gespräch bringen. Dazu hat er sich Folgendes überlegt:

Stellenprofil Marketingassistent

- Erfahrungen im Marketing
- weniger Routineaufgaben
- mehr strategisches Arbeiten
- leistungsbereit
- motiviert
- engagiert

Auf der Basis dieser dürftigen Informationsrecherche überrascht es nicht, dass die Formulierungen von Herrn Kruse in Anschreiben und Lebenslauf, aber auch in einem persönlichen Telefonat mit dem Leiter der Werbeagentur, Herrn Schulz, sehr allgemein gehalten waren.

Schlechte Formulierungen im Anschreiben
„Mit diesem Schreiben möchte ich mich bei Ihnen vorstellen. Als leistungsbereiter, motivierter und engagierter Bewerber wäre ich sicherlich auch ein Gewinn für Ihr Unternehmen. Meine Erfahrungen im Marketing sind vielfältig. Nun möchte ich aus der Routine in einem Großunternehmen ausbrechen und bei Ihnen strategische Aufgaben kennen lernen."

Schlechte Formulierungen im Lebenslauf
Ausbildung:
– Werbekaufmann
Berufliche Erfahrungen:
– Kaufmann in der Werbeagentur Lohmüller GmbH
– Mitarbeiter im Marketing bei der Konsum AG
Hobbys:
– Fußball
– Reisen
– Strategiespiele

Schlechte Formulierungen im persönlichen Gespräch
„Guten Tag Herr Schulz. Ich bin auf der Suche nach einer neuen Herausforderung. Gibt es bei Ihnen interessante Tätigkeiten, die für mich in Frage kommen. Ich würde mich über ein Angebot freuen."

Fehler
„Keine Vorarbeit"

Herr Kruse arbeitet im Marketing und will auch zukünftig im Marketing arbeiten. Diese „Begründung" liegt seiner gesamten (Bewerbungs-)Strategie zugrunde. Er meint, dass ein „Schuss aus der Hüfte" gründliche Recherche ersetzen kann. Die umworbene Firma Scholz und Freunde muss befürchten, dass Herr Kruse an zukünftige Marketingaufgaben genauso unbedarft herangeht wie an sein Selbstmarketing

Fehler
„Soft Skills nicht belegt"

Wer sich für die Initiativbewerbung keine Belege für Soft Skills überlegt, wird von diesem Fehler spätestens beim Ausformulieren des Anschreibens eingeholt. So auch Herr Kruse. Seine Formulierung *Als leistungsbereiter, motivierter und engagierter Bewerber wäre ich sicherlich auch ein Gewinn für Ihr Unternehmen* ist eine schlichte Nullaussage: Was versteht er unter Leistungsbereitschaft? Wuselt er vielleicht ständig nur vor sich hin, ohne messbaren Output zu liefern? Kann er nur arbeiten, wenn er motiviert ist? Und missversteht er Engagement womöglich als Vorgehen „mit dem Kopf durch die Wand"? Diese Fragen wird sich auch der angesprochene Agenturleiter stellen. Insgesamt wirft Herr Kruse mit der Darstellung seiner Soft Skills mehr Fragen auf, als Antworten zu liefern.

Fehler
„Fehlendes Profil"

Aber nicht nur, dass Herr Kruse mit seinen Soft Skills nicht punkten kann. Auch sein fachliches Profil bleibt im Dunkeln. Was sind *vielfältige Erfahrungen im Marketing?* Und womit ist er genau als *Mitarbeiter im Marketing bei der Konsum AG* beschäftigt? Statt seine sicherlich vorhandenen Kenntnisse detaillierter zu beschreiben, zieht er sich auf Allgemeinplätze zurück.

Fehler
„Schlechter Wechselgrund"

Bei jeder Initiativbewerbung stellt sich der angeschriebene Personalverantwortliche die Frage: „Warum will diese Bewerberin oder dieser Bewerber überhaupt wechseln?" Der hier genannte Grund, *aus der Routine in einem Großunternehmen ausbrechen zu wollen,* wendet sich allerdings gegen Herrn Kruse. Er scheint Schwierigkeiten mit der sicheren Beherrschung des Tagesgeschäftes zu haben. Und warum sucht er sich nicht zusätzliche Aufgaben im Projektbereich, mit denen er sich in die gewünschte Richtung entwickeln kann? Auch hier werfen seine Formulierungen mehr Fragen auf, als nötig wäre.

Fehler
„Freizeit-orientierung"

Wer regelmäßig Mitarbeiter einstellt, kennt diese Problematik: Es gilt, die leistungsbereiten Bewerber von den Mitläufern, die sich in der Freizeit und nicht im Beruf selbst verwirklichen, zu trennen. Dabei stößt es unangenehm auf, dass Herr Kruse sehr viel Platz für seine Hobbys verwendet, während er die Darstellung seiner beruflichen Aufgaben vernachlässigt. Außerdem lässt sich durch die Angabe *Strategiespiele* sicherlich nicht auf eine Eignung im strategischen Marketing schließen.

Fazit

Herr Kruse hat keine Vorarbeit geleistet. Seine Bewerbung macht an keiner Stelle deutlich, dass er sich bereits mit einem möglichen Stellenprofil auseinander gesetzt hat. So kann er nicht auf Interesse an seinen Qualifikationen hoffen.

Diesmal hat Herr Kruse mehr Engagement in der Vorbereitungsphase gezeigt. Er hat Stellenausschreibungen in Zeitschriften und im Internet gesichtet, in denen die Aufgaben, die Fachkenntnisse und die Soft Skills von Marketingassistenten beschrieben werden. Daraus hat er nachfolgende Informationen gesammelt:

Stellenprofil Marketingassistent

Aufgaben in Stellenanzeige 1
- Agenturkoordination
- Durchführung von Werbemaßnahmen
- Platzierung von Pressemitteilungen

Geforderte fachliche Kenntnisse in Stellenanzeige 1
- drei Jahre Berufserfahrung im Marketing
- gutes Englisch in Wort und Schrift
- MS-Office

Geforderte Soft Skills in Stellenanzeige 1
- Teamfähigkeit
- Flexibilität

Aufgaben in Stellenanzeige 2
- Weiterentwicklung von Marketingstrategien
- Zusammenarbeit mit Marketing- und Vertriebsleiter
- Wettbewerberbeobachtung/Benchmarking

Geforderte fachliche Kenntnisse in Stellenanzeige 2
- einschlägige Ausbildung oder Studium
- PowerPoint und Excel
- DTP-Kenntnisse

Geforderte Soft Skills in Stellenanzeige 2
- Kommunikationsgeschick
- Organisationstalent

Auf der Basis dieser gründlichen Vorarbeit kann Herr Kruse nun aussagekräftiger formulieren und mit seiner Initiativbewerbung Interesse an seinen Leistungen wecken.

Gute Formulierungen im Anschreiben

„Im Marketing verfüge ich über umfassende Berufserfahrung. Ich bringe zwei Jahre Agenturerfahrung und zwei weitere Jahre Erfahrung als Marketingassistent mit. Zu meinen Aufgaben gehören die Vorbereitung von PR-Maßnahmen, die Entwicklung von Werbemitteln und die Erfolgskontrolle des Marketingplanes. Meine Ergebnisse berichte ich direkt an den Bereichsleiter Marketing." ✓ ✓ ✓

gutes Profil !!

Gute Formulierungen im Lebenslauf

Berufspraxis:
- Marketingassistent bei der Konsum AG,
  Tätigkeiten: Vorbereitung und Durchführung von PR-Maßnahmen, Benchmarking, Reichweitenanalysen, Mitarbeit an der Entwicklung des Marketingplanes und Erfolgskontrolle, Projekt „Modifizierung der Dachkampagne" ✓ kommunikationsstark
- Kaufmann in der Werbeagentur Lohmüller GmbH,
  Tätigkeiten: Kampagnenkalkulation, Kundenbetreuung, Auftragsverfolgung, Planung und Erstellung von Werbemitteln

Ausbildung:
- Ausbildung zum Werbekaufmann bei der Agentur IDEE (Print, Radio, TV)

Weiterbildung:
- DTP für den Agentureinsatz, Excel und PowerPoint für Fortgeschrittene

Gute Formulierungen im persönlichen Gespräch

Guten Tag Herr Schulz. Ich bin Marketingassistent und hauptsächlich mit der Durchführung von PR-Kampagnen, der Umsetzung von Marketingplänen und dem Benchmarking beschäftigt. Agenturerfahrung bringe ich ebenso mit wie Erfahrung in strategischen Marketingprojekten. Gerne würde ich mit Ihnen in Kontakt kommen."

weiß, was gefragt ist!

Überzeugend „Aufgabe entschlüsselt“

Herr Kruse hat sein Stellenprofil diesmal sorgfältiger ausgearbeitet. Er zeigt dem Empfänger seiner Initiativbewerbung, dass er zu einer realistischen Tätigkeitsvorausschau in der Lage ist. Die von ihm ins Spiel gebrachten *Erfahrungen in der Vorbereitung von PR-Maßnahmen, der Entwicklung von Werbemitteln, der Erfolgskontrolle und der Kampagnenkalkulation* klingen nach Fachwissen – und deshalb wohltuend anders als die *vielfältigen Erfahrungen im Marketing* aus dem Negativbeispiel. Der angesprochene Geschäftsführer kann erkennen, dass dieser Bewerber weiß, welche Aufgaben ihn erwarten werden.

Überzeugend „Fachkenntnisse prägnant beschrieben“

Bei der Darstellung seiner Fachkenntnisse greift Herr Kruse zu prägnanten fachspezifischen Schlagworten. Er nutzt Anschreiben und Lebenslauf, um seine bisherigen beruflichen Positionen mit Inhalt zu füllen. Einem Initiativbewerber, der bereits *Benchmarking und Reichweitenanalysen* durchgeführt, *Marketingpläne* erstellt und *Kampagnen kalkuliert* hat, wird man zutrauen, dass er diese Aufgaben auch im Wunschunternehmen in den Griff bekommt.

Überzeugend „Soft Skills erkannt und belegt“

Statt eine Aneinanderreihung von Leerfloskeln zu liefern, nennt der Bewerber im Positivbeispiel berufliche Aufgaben, anhand derer sein Potenzial an Soft Skills zu erkennen ist. Die Teilnahme am *Projekt „Modifizierung der Dachkampagne“* belegt die für einen Marketingassistenten wichtigen Soft Skills Teamfähigkeit und Kommunikationsgeschick. Da sich Herr Kruse als Werbekaufmann mit Marketingstrategien in den Bereichen *Print, Radio* und *TV* auseinander gesetzt hat, bringt er auch die notwendige Flexibilität mit, die im Agenturgeschäft wichtig ist.

Überzeugend „Ernsthaftigkeit“

Aus der geleisteten Vorarbeit wird dem angesprochenen Geschäftsführer die Ernsthaftigkeit der Bewerbung von Herrn Kruse deutlich. Herr Kruse thematisiert im Positivbeispiel, was er alles leisten kann und will, und er beschränkt sich nicht auf die Darstellung der Aufgaben, vor denen er gerne flüchten möchte. Im Gegenteil, hier bringt sich ein leistungsbereiter und breit qualifizierter Initiativbewerber gelungen ins Gespräch.

Fazit

Ein Bewerber, den man kennen lernen möchte. Die mit der Ausarbeitung dieses Stellenprofils bewiesene (Eigen-)Initiative lässt auch Engagement für die zukünftigen beruflichen Aufgaben erwarten. Hier wird eine Einladung zu einem persönlichen Gespräch ergehen.

So entwickeln Sie Ihr Stellenprofil

Sie haben an unserem Beispiel gesehen, wie wichtig es ist, sich vor der Ausarbeitung von Bewerbungsunterlagen Gedanken darüber zu machen, was in der angestrebten Stelle auf Sie zukommt. Entwerfen Sie deshalb zu Beginn des Bewerbungsverfahrens ein Stellenprofil, damit Sie sich als interessanter Initiativbewerber präsentieren können. Gehen Sie dabei wie ein Profi vor: Klären Sie zunächst mögliche Anforderungen, die in der anvisierten Stelle auf Sie zukommen werden – um danach zu belegen, dass Sie diese Anforderungen erfüllen werden.

Werden Sie Ihre eigene Personalberatung

Wenn Personalberater von den Unternehmen mit der Neubesetzung einer Stelle beauftragt werden, definieren Sie zunächst die Aufgaben, die der zukünftige Mitarbeiter bewältigen können muss. Dann überlegen sie sich, welche *fachlichen Kenntnisse* dafür unverzichtbar sind. Beispielsweise sind bestimmte Branchenerfahrungen, spezielle PC-Kenntnisse oder Fremdsprachenkenntnisse gefragt. Aber Fachwissen allein genügt nicht. Geeignete Mitarbeiter müssen auch die richtigen *Soft Skills* (persönliche Fähigkeiten) für die Bewältigung des Tagesgeschäftes mitbringen. Je nach Stelle ist beispielsweise manchmal eher Durchsetzungsfähigkeit gefragt, ein anderes Mal eher diplomatisches Geschick.

Kennen Sie Ihre Aufgaben?

Initiativbewerber können sich gerade *nicht* auf eine Stellenanzeige hin bewerben. Daher liegen auch die Aufgaben in der angestrebten Wunschposition zunächst eher im Dunkeln. Um hier Licht ins Dunkel zu bringen, hilft der Blick in den Stellenteil der Zeitungen oder ins Internet. Suchen Sie nach Anzeigen, in denen Stellen beschrieben werden, die eine möglichst große Nähe zu der Position haben, auf die Sie sich initiativ bewerben. Je detaillierter Ihre Informationen über zukünftige Tätigkeiten sind, desto besser ist Ihre Ausgangsposition. Nur wer weiß, was von ihm erwartet wird, kann auch in der Bewerbungsmappe belegen, dass er die Erwartungen erfüllen wird.

Fachliche Kenntnisse und Soft Skills im Blick

Halten Sie in Ihrem Stellenprofil nicht nur die zukünftigen Aufgaben fest. Machen Sie sich auch Gedanken darüber, welche fachlichen Kenntnisse und welche Soft Skills wichtig dafür sind, diese Aufgaben in den Griff zu bekommen. Auch hier werden Sie aus Stellenanzeigen eine Menge erfahren können. Geben Sie Ihrer Initiativbewerbung die nötige Tiefe. Gewöhnen Sie sich an, Ihre Fachkompetenz mit geeigneten branchentypischen Schlagworten benennen zu können. Und überlegen Sie sich Beispiele aus Ihrem beruflichen Erfahrungsschatz, um Ihr Soft-Skill-Potenzial zu verdeutlichen.

Checkliste für Ihr Stellenprofil

- ❑ Haben Sie Stellenanzeigen (anderer Unternehmen) in Zeitungen oder Zeitschriften gesammelt, die Ihrer Wunschposition ähnlich sind?
- ❑ Haben Sie Jobbörsen im Internet abgefragt, um Stellenausschreibungen (anderer Unternehmen) zu finden, die inhaltlich Ihrer Wunschposition entsprechen?
- ❑ Wissen Sie aus persönlichen Gesprächen mit Branchenkollegen, Kunden und Unternehmensvertretern, worauf es in der angestrebten Stelle ankommt?
- ❑ Können Sie mindestens zehn fachliche Anforderungen definieren, die für Ihre Wunschposition wichtig sind?
- ❑ Können Sie mindestens fünf persönliche Fähigkeiten nennen, die den Erfolg in der angestrebten Position ausmachen?
- ❑ Welche Aufgaben wollen/sollen Sie in der neuen Position übernehmen? Nennen Sie mindestens fünf!
- ❑ Welche EDV-Kenntnisse sind für die angestrebte Stelle wichtig?
- ❑ Müssen Sie bestimmte Sprachkenntnisse mitbringen?
- ❑ Ist ein bestimmter Ausbildungs-/Studienabschluss Voraussetzung für die angestrebte Stelle?
- ❑ Wie umfassend muss die Berufserfahrung sein?
- ❑ Spielt die Branchenerfahrung eine Rolle?
- ❑ Welchen (zeitlichen) Anteil haben Geschäftsreisen in der neuen Position?
- ❑ Werden Sie Auslandseinsätze übernehmen dürfen/müssen?
- ❑ Sind auch Führungsfähigkeiten wichtig (Aufbauarbeit, Vertriebsorganisation, Mitarbeitercoaching, Teambuilding, Repräsentation)?
- ❑ Handelt es sich beim angeschriebenen Unternehmen um einen Konzern, ein mittelständisches Unternehmen oder den öffentlichen Dienst?
- ❑ Kennen Sie das Unternehmen oder haben Sie schon einmal etwas darüber gehört?
- ❑ Für welche besonderen Produkte oder Dienstleistungen steht das Unternehmen?
- ❑ An welchen Standorten ist das Unternehmen vertreten (weltweit, europaweit, deutschlandweit)?
- ❑ Ist die Homepage des Unternehmens von Ihnen sorgfältig ausgewertet worden?
- ❑ Haben Sie alle Möglichkeiten genutzt, um an Informationen über das Unternehmen zu kommen?

Lebenslauf: Passgenau und aussagekräftig

Die meisten Bewerber beginnen die Erstellung Ihrer Bewerbungsunterlagen mit dem Anschreiben – vielmehr versuchen sie es. Denn hier hören wir stets, dass sie stundenlang über einem leeren Blatt Papier grübeln, was in den Anschreibentext gehören könnte. Üblicherweise ist das Blatt Papier dann noch nach Stunden leer, der Kopf raucht, und die Laune ist im Keller. Dieses wenig erfolgversprechende und frustrierende Vorgehen sollten Sie meiden. Beginnen Sie lieber mit der Ausarbeitung Ihres Lebenslaufes. Sie haben dann die beruflichen Stationen vor Augen, in denen Sie tätig waren, Sie wissen, welche Weiterbildungsaktivitäten Sie ins Spiel bringen können, und Sie können viel leichter auf die einzelnen Tätigkeiten zugreifen, die Sie ausgeübt haben.

Da Sie sich bereits ein Stellenprofil erarbeitet haben, geht es für Sie nun darum, Überschneidungen Ihrer eigenen Fähigkeiten mit dem Stellenprofil herauszuarbeiten. Wenn wir in Vorträgen, Seminaren oder Einzelberatungen mit Bewerberinnen und Bewerbern ins Gespräch kommen, merken wir häufig, dass vielen schlichtweg Material für diesen Abgleich fehlt. Hier werden Sie es einfacher haben, denn Ihre Vorarbeit in Sachen Stellenprofil liefert Ihnen Argumente für die Ausarbeitung der schriftlichen Unterlagen. Erarbeiten Sie zunächst einen aussagekräftigen Lebenslauf, der zuerst Ihnen und später dem angeschriebenen Unternehmen ermöglicht, zu erkennen, dass Sie die oder der Richtige sind.

Damit Ihnen der Lebenslauf wirklich gelingt, sollten Sie die drei folgenden Grundregeln beherzigen.

Lückenlos und plausibel

Die Überprüfung von Lebensläufen ist für Personalverantwortliche auch immer eine Rechenaufgabe. Sie versuchen zu erkunden, ob Bewerber Auszeiten genommen haben und etwas verschweigen wollen. Problematisch sind daher die von vielen Bewerbern gewählten Zeitangaben in Jahren. Diese lassen schnell Spekulationen entstehen, was sich wiederum nachteilig für den Bewerbungserfolg auswirkt. Führen Sie ihre Stationen immer mit Monats- und Jahresangaben auf. Längere Zeiträume ohne Beschäftigung sollten Sie stets mit einem plausiblen Grund für diese Auszeit angeben. Es lässt sich in den meisten Fällen eine neutrale Beschreibung von Fehlzeiten finden, beispielsweise *berufliche Neuorientierung, Kindererziehung* oder *Umschulung zum/zur …* .

Die Auflistung von Unternehmen reicht nicht

Eine bloße Auflistung der Stationen, die Sie in Ihrer bisherigen Entwicklung durchlaufen haben, ist viel zu wenig. Es reicht nicht aus, einfach Arbeitgeber zu nennen und den Zeitraum anzugeben, den Sie bei ihnen verbracht haben. Auch wenn Sie zusätzlich zum Unternehmensnamen Ihre Berufsbezeichnung angeben, ist das noch immer viel zu vage. Da die Arbeitsfelder in den letzten Jahren immer spezieller geworden sind, kann sich hinter ein und derselben Bezeichnung, wie beispielsweise *Kaufmann,* ein Bündel unterschiedlichster beruflicher Aufgaben verbergen. Personalverantwortliche möchten (und müssen) aber erkennen können, was Sie bisher gemacht haben, um den Schluss ziehen zu können, dass Sie auch die Anforderungen Ihrer Wunschposition bewältigen werden. Sie kennen diese Herangehensweise bereits aus der Erstellung des Stellenprofils: Unterfüttern Sie daher Ihre Angaben mit der Nennung der von Ihnen ausgeführten Tätigkeiten. Bedenken Sie: Was haben Sie im Tagesgeschäft gemacht? An welchen Projekten waren Sie beteiligt? Welche Sonderaufgaben haben Sie übernommen? In welchen Bereichen haben Sie Kollegen vertreten? Wenn Sie es schaffen, bei Ihren beruflichen Erfahrungen in die Tiefe zu gehen, ist das Fundament für eine erfolgreiche Bewerbung gelegt.

Weg vom Standardlebenslauf

In vielen Lebensläufen wird schlicht und einfach der Lebensweg von der Geburt bis zum heutigen Tage nachgezeichnet. Aus Sicht der Personalverantwortlichen ist dies ein Fehler, da eine bloße Nacherzählung des Werdeganges nicht ausreicht. Sie müssen die richtigen Schwerpunkte setzen und sollten auch den Lebenslauf auf die angestrebte Position zuschneiden. Ein Fehler, der allzu häufig begangen wird, ist das Recyclen alter Lebensläufe. In unserer Beratungspraxis erleben wir des Öfteren, dass Um- und Aufsteiger bei der Erarbeitung ihrer Bewerbungsmappe auf alte Unterlagen zurückgreifen. Nicht wenige Lebensläufe erwecken dann den Eindruck, dass der Absender am PC einfach ein paar aktuelle Zeilen in den vor einigen Jahren schon einmal benutzen Lebenslauf eingefügt hat, um ihn auf die Schnelle zu aktualisieren. Erfolgversprechend ist dieses Vorgehen natürlich nicht. Verschenken Sie nicht die Chance, sich im Lebenslauf als passgenauer Bewerber darzustellen. Schließlich haben Sie einen Gestaltungsspielraum, den Sie auch nutzen sollten.

So geht es weiter: Der Blick in die Bewerbungspraxis

Wir werden Ihnen nun anhand von zwei Beispielen aus der Praxis erläutern, wie sich Bewerber mit ihren Lebensläufen ins Abseits stellen. Zunächst werden Sie den Lebenslauf von Ines Radtke sehen, die als Anlageberaterin tätig ist und das Unternehmen wechseln möchte. Im zweiten Negativbeispiel erläutern wir Ihnen, welche Fehler Patrick Genz bei der Ausarbeitung seines Lebenslaufes gemacht hat.

Kritik allein hilft natürlich nicht weiter. Um Ihnen zu erläutern, wie sich aus einem mangelhaft aufbereiteten Lebenslauf ein gut strukturierter, aussagekräftiger Lebenslauf erstellen lässt, liefern wir Ihnen nach jedem misslungenen Beispiel eine überarbeitete Version. Lassen Sie sich zeigen, wie Initiativbewerber Lebensläufe gestalten sollten, um bei ihrem Wunschunternehmen zu punkten.

LEBENSLAUF

undynamisch!

Persönliche Daten

Vor- und Familienname:	Ines Radtke
Adresse:	wohnhaft in München
Geburtstag:	13. November1974
Geburtsort:	Augsburg
Familienstand:	geschiden

Schulausbildung

8/81 - 7/85	Grundschule
8/85 – 7/87	Käthe-Kollwitz Gynmasium
8/77 - 7/91	Realschule

unnötig

Berufsausbildung

10/92 - 07/95	Ausbildung zur Bankkauffrau

Fehler „Von der Wiege bis zur Bahre“

Bereits ein flüchtiger Blick auf den Lebenslauf von Frau Radtke wird bei Personalverantwortlichen die Vermutung aufkommen lassen, dass hier ein wenig aussagekräftiger 08/15-Lebenslauf vorliegt. Man gewinnt an keiner Stelle den Eindruck, dass es Frau Radtke darum ging, ihr berufliches Profil deutlich zu machen. Stattdessen wird von ihr eine äußerst lustlose Nacherzählung ihres bisherigen Werdeganges geliefert. Man erfährt, dass sie geboren wurde, zur Grundschule ging, Schwierigkeiten hatte, das Gymnasium zu bewältigen, dann zur Realschule wechselte und eine Ausbildung gemacht hat. Damit kann sie einen Personalverantwortlichen natürlich nicht überzeugen.

Fehler „Schlechte Blattaufteilung“

Auf der ersten Seite des Lebenslaufes sind nur das Foto und die drei Blöcke *Persönliche Daten, Schulausbildung* und *Berufsausbildung* aufgeführt. Diese Aufteilung führt Ihnen noch einmal deutlich den Nachteil eines vorwärts-chronologischen Lebenslaufes vor Augen: Um zu den für eine Einstellung relevanten Daten zu kommen, muss ein Personalverantwortlicher umblättern. Selbst wenn er dies tut, wird ihm im Gedächtnis bleiben, dass Frau Radtke mit unnötigem Leerlauf gestartet ist. Wenn sie so auch an ihre beruflichen Aufgaben herangeht, ist sie mit Sicherheit keine geeignete Mitarbeiterin.

Fehler „Mangelnde Sorgfalt“

Frau Radtke leistet sich in ihrem Lebenslauf viele Tippfehler und andere Ungereimtheiten. Sofort ins Auge springt, dass sie *geschiden* statt geschieden geschrieben hat. Dies hat Signalwirkung: Jetzt sucht der Leser erst recht nach weiteren Fehlern. Schnell ist auch der nächste gefunden: Beim Wort *Gymnasium* hat sich ein Buchstabendreher eingeschlichen. Weiter hinten fällt dann auf, dass die Zeitangaben nicht konsequent sind. Die Jahreszahlen aus dem 20. Jahrhundert werden zweistellig angegeben, diejenigen aus dem 21. Jahrhundert jedoch plötzlich vierstellig. Personalverantwortliche müssen vermuten, dass Frau Radtke bei der Erstellung ihrer Bewerbungsunterlagen gepfuscht hat. Ihr Lebenslauf ist schon formal unzumutbar.

Fehler „Lücke im Lebenslauf“

Es gibt zudem einen Bruch in der Entwicklung von Frau Radtke. Zumindest fehlt eine Angabe zu der Zeit zwischen dem Ende der Realschule und dem Beginn der Berufsausbildung. Hier fehlt mehr als ein Jahr. Da sich Frau Radtke auch hier mit Informationen zurückhält, ist man auf Spekulationen angewiesen. Personalverantwortliche neigen dabei zu eher negativen Annahmen. Hat Frau Radtke einen Ausbildungsabbruch hinter sich? Hat sie, die augenscheinlich schon einmal sitzen geblieben ist, noch eine weitere Ehrenrunde gedreht? Oder ist sie einfach zu Hause geblieben und hat nichts getan?

Beruf

8/95 - 07/97 Weiterbeschäftigung bei der Ausbildungsfirma

? Tätigkeiten ?

08/97 - 6/2002 Anlageberatung bei einer Privatbank

07/2002 Anlageberatung bei einer Investmentberatung

Interessen

Schwimmen ← lebt sich in der Freizeit aus

Sprachen lernen

Neue Länder entdecken

Fremde Kulturen verstehen lernen

Ausländische Literatur

Fremdsprachen

Englisch ← wie gut?

Französisch

Italienisch

EDV-Kenntnisse

Tabellenkalkulation ← was genau?

Textverarbeitung

Präsentationsgrafik

Lieblose Unterlagen, zurück!

Absage!

Fehler
„Keine Argumente für eine Einstellung“

Dieser Lebenslauf leidet unter Informationsarmut. Argumente für eine Einstellung lassen sich aus ihm nicht entnehmen. Der wichtige Block Beruf ist von Frau Radtke viel zu kurz abgehandelt worden. Ganze drei Zeilen für einen Zeitraum von sieben Jahren sind einfach zu wenig. Zudem fehlen die Firmenangaben und nähere Hinweise auf die von ihr ausgeübten Tätigkeiten. Frau Radtke scheint Gefallen an Geheimniskrämerei zu haben. Warum bekennt sie sich nicht zu den bisher von ihr durchlaufenen beruflichen Stationen? Vielleicht wegen schlechter Leistungen?

Fehler
„Falsche Schwerpunktbildung“

Schaut man sich die Gewichtung an, die Frau Radtke in ihrem Lebenslauf vorgenommen hat, so kann man nur den Kopf schütteln. Warum wird die Schule ebenso breit dargestellt wie der Beruf? Ein echter Kardinalfehler ist die umfangreiche Beschreibung der Hobbys, von Frau Radtke *Interessen* genannt. Der Freizeitbereich scheint sie mehr zu interessieren als ihre beruflichen Aufgaben. Immerhin werden fünf Tätigkeiten genannt, die sie in ihrer Freizeit ausübt – aber keine einzige, die sie im beruflichen Zusammenhang wahrgenommen hat.

Fehler
„Arbeitslos?“

Die Schludrigkeit, die Frau Radtke bei der Erstellung ihres Lebenslaufes an den Tag gelegt hat, wendet sich auch bei der Nennung ihres letzten Arbeitgebers gegen sie. Dort taucht nur die Angabe *07/2002* auf. Wie die Optimierung der Unterlagen später ergeben wird, ist Ines Radtke bis zum heutigen Tag in ungekündigter Stellung tätig. Sie hat schlichtweg vergessen, *07/2002 – heute* zu schreiben. Der Leser in der Personalabteilung verfügt natürlich nicht über diese Information. Er muss annehmen, dass Frau Radtke nur einen Monat bei einer Investmentberatung gearbeitet hat und seitdem arbeitslos ist.

Fehler
„Angaben zu Sprachen und EDV“

Ihre Fremdsprachenkenntnisse stellt Frau Radtke schlecht dar. Sie führt zwar drei Sprachen auf; inwieweit sie diese Sprachen tatsächlich beherrscht, wird aber nicht ersichtlich. Das Gleiche gilt für die EDV-Kenntnisse. Sie werden nicht bewertet, sodass der Personalverantwortliche nicht erkennen kann, wie sicher Frau Radtke im Umgang mit *Tabellenkalkulation, Textverarbeitung, Präsentationsgrafik* ist. Vielleicht hat sie vor Jahren einmal einen Kurs an der Volkshochschule besucht, dessen Inhalte inzwischen völlig veraltet sind. Problematisch ist auch, dass die Bewerberin keine konkreten Softwareprogramme angibt, sondern nur abstrakte Angaben macht. Wieder muss man vermuten, dass die Programme, die sie beherrscht, inzwischen gar nicht mehr auf dem Markt sind.

Fazit

Lieblos gestaltete Massenware ohne jeglichen Informationswert. Mit dieser ersten Arbeitsprobe kann Frau Radtke nicht überzeugen. Absage, Unterlagen zurück!

Persönliche Daten

Ines Radtke
Lothstraße 342, 81011 München
geb. am 13.11.1974 in Augsburg
Tel. 0 89 / 121 65 32
E-Mail: i.radtke@web.de

LEBENSLAUF

Berufstätigkeiten

07/2002 – heute	Die Investmentbroker, München, Abteilung Vermögensverwaltung, Anlageberaterin – Tätigkeiten: Portfolio-Konstruktion, Betreuung institutioneller Kunden, Aktienstrategie und -auswahl
08/1997 – 06/2002	Bankhaus Lehmann & Söhne, Augsburg, Abteilung Anlageberatung, Wertpapierspezialistin – Tätigkeiten: Entwicklung von Wertpapierstrategien, Depotanalysen, Finanzmarktanalysen, Bewertung von Businessplänen, Kundenakquisition und betreuung
08/1995 – 07/1997	Hypo AG, Augsburg, Abteilung Wertpapier und Firmenkundengeschäft, Kundenbetreuerin – Tätigkeiten: Kreditentscheidung, Bonitätsbewertung, Kundenberatung

Ausbildung

10/1992 – 07/1995	Ausbildung zur Bankkauffrau bei der Hypo AG, Augsburg
12.07.1995	Bankkauffrau

gutes Profil

Überzeugend
„Gute Aufmachung“

Ohne in eine tiefergehende Auswertung einzusteigen, kann ein Personalverantwortlicher mit einem ersten flüchtigen Überfliegen schon erkennen, dass sich hier eine Bewerberin Mühe mit ihren Unterlagen gegeben hat. Die Aufmachung des überarbeiteten Lebenslaufes von Frau Radtke wirkt nicht mehr wie mit der Schreibmaschine heruntergetippt. Stattdessen hat sich die Bewerberin Gedanken über eine ansprechende Präsentation gemacht. Die Orientierung fällt dem Leser in diesem Lebenslauf leicht.

Überzeugend
„Formsicher“

Formalen Anforderungen im Block *Persönliche Daten* wird Frau Radtke nun gerecht. Zudem hat sie nun ihre vollständigen Kontaktdaten aufgeführt. Es bleibt dem Personalverantwortlichen überlassen, sie über das Telefon, per E-Mail oder postalisch zu kontaktieren. Am Ende unterschreibt sie den Lebenslauf und gibt Erstellungsort und -datum an. Dadurch wird der Leser erkennen: Dieser Lebenslauf wurde nicht recycelt, sondern speziell für diese Initiativbewerbung an dieses Unternehmen angefertigt.

Überzeugend
„Wichtiges zuerst“

Diesmal stellt Frau Radtke die für eine Personalentscheidung wichtigen Fakten an den Anfang. Gleich nach dem Block *Persönliche Daten* geht sie auf ihre *Berufstätigkeiten* ein. Somit sind schon auf der ersten Seite das berufliche Profil und die absolvierte Berufsausbildung zu erkennen. Dadurch gelingt es Personalverantwortlichen schnell, eine Entscheidung über eine weitergehende Prüfung zu fällen. Mit dem gewählten Aufbau schafft es Frau Radtke, den professionellen Leser zu einer eingehenderen Prüfung zu veranlassen.

Überzeugend
„Tätigkeitsbezeichnungen aufgeführt“

Endlich bekennt Frau Radtke Farbe. Statt sieben Jahre hinter drei mageren Zeilen zu verstecken, widmet sie den Angaben zu ihren beruflichen Erfahrungen ausführliche 13 Zeilen. Für alle drei bisherigen Arbeitgeber werden die korrekte Firmierung, der Firmensitz, die jeweilige Abteilung und ihre Positionsbezeichnung im Unternehmen genannt. Dabei bleibt Frau Radtke aber nicht stehen: Damit zu ersehen ist, in welchen Bereichen sie einsetzbar wäre, arbeitet sie mit aussagekräftigen Tätigkeitsbeschreibungen. So ist sie beim aktuellen Arbeitgeber für die Portfolio-Konstruktion, die Aktienstrategie und -auswahl sowie die Betreuung institutioneller Kunden zuständig.

Überzeugend
„Entwicklungspotenzial sichtbar“

Mit der ausführlichen Schilderung der wahrgenommenen Tätigkeiten schafft es Frau Radtke, ihre Entwicklung nachzuzeichnen. Personalverantwortliche können erkennen, dass sie zunehmend komplexere Aufgaben übernommen hat. Sie hat sich weiterentwickelt und lässt erkennen, dass sie ihr Potenzial auch in Zukunft ausbauen wird. Die aufgeführten Seminare im Block Weiterbildung unterstützen diese Einschätzung. Frau Radtke hat sich regelmäßig weiterqualifiziert. Dabei hatte sie nicht nur ihren beruflichen Horizont im Blick, sondern auch den Ausbau ihrer PC- und Sprachkenntnisse. Diese Bewerberin ist lernwillig. Sie ruht sich nicht auf ihren Lorbeeren aus, sondern tut aktiv etwas für den Ausbau ihrer Qualifikationen.

Au-Pair, Schule

10/1991 - 09/1992	Au-Pair in Birmingham, GB ✓ flexibel
26.07.1991	Realschulabschluss

Weiterbildung

10/2003	Versicherungsakademie, München „Steuerrecht in der Praxis"
04/2002	Bankakademie, Nürnberg „Neue Anlageformen"
08/2001	PC-House, München „PowerPoint für Fortgeschrittene" leistungsbereit!
07/2000 – 12/2000	Lingua, Augsburg „Sprachsemester Italienisch"
04/2000	KARRIEREAKADEMIE, Kiel „Verhandlungsführung"
02/1998	Lingua, Augsburg „Französisch Intensivtraining"

Fremdsprachen

Englisch (sehr gut)
Französisch (gut)
Italienisch (gut) ✓

EDV-Kenntnisse

WinWord, Excel, PowerPoint (alle ständig in Anwendung) ✓

Hobbys

Schwimmen, Fremdsprachen

München, 12.04.2004

Ines Radtke

Bewerberin mit Potenzial!
Termin für Gespräch vereinbaren!

Überzeugend
„Lückenlose Zeitangaben“

Zwischen der Schulzeit und dem Beginn der Ausbildungszeit klafft nun keine Lücke mehr. Man erfährt, dass Frau Radtke in diesem Zeitraum als Au-Pair in Großbritannien war. Neben der gefüllten Lücke ergibt sich zusätzlich der Hinweis auf gute Englischkenntnisse. Auch scheint Frau Radtke keine Schwierigkeiten damit zu haben, sich in einer fremden Kultur einzuleben, neue Kontakte zu knüpfen und sich auf bisher unbekannte Menschen einzustellen. Dies sind alles Pluspunkte für den angestrebten Firmenwechsel.

Überzeugend
„Richtige Gewichtung“

Bei der Gewichtung der einzelnen Blöcke ist Frau Radtke diesmal klüger vorgegangen. Zentral im Mittelpunkt steht der Block *Berufstätigkeiten*. Zusammen mit den ebenfalls wichtigen Blöcken *Ausbildung, Weiterbildung, Fremdsprachen* und *EDV-Kenntnisse* ergibt sich ein Gesamtbild wichtiger, für eine Personalentscheidung relevanter Informationen. *Hobbys* tauchen zwar noch auf, aber nur, um das Bewerberprofil ein wenig abzurunden. Eine Freizeitorientierung kann man Frau Radtke bei diesem Lebenslauf wirklich nicht mehr vorwerfen.

Überzeugend
„Stolpersteine aus dem Weg geräumt“

Mit ihrer sorgfältigen Herangehensweise hat Frau Radtke es vermieden, Zweifel an ihrer Eignung zu säen. Dank einer gründlichen Endkontrolle tauchen nun keine Tippfehler mehr auf. Auch den Stolperstein, nur einen Monat beim letzten Arbeitgeber gewesen zu sein, räumt sie aus dem Weg. Mit der korrekten Zeitangabe *07/2002 – heute* ist nun endgültig klargestellt, dass sie sich aus einer ungekündigten Stellung heraus bewirbt.

Fazit

Ein Lebenslauf, der die hohen Anforderungen an eine Initiativbewerbung erfüllt. Aussagekräftig, prüfungsfreundlich und gut gestaltet bereitet seine Lektüre jedem Personalverantwortlichen Freude. Halten die weiteren Unterlagen von Frau Radtke dieses Niveau, ist ihr eine Einladung zum Vorstellungsgespräch sicher.

LEBENSLAUF von Patrick GENZ

••• Zu meiner Person:	verheiratet mit Jacqueline Genz geb. Krause, keine Kinder, ? geb. in Zwickau (damalige DDR), Geburtstag: 3. August 1975 ?
••• Ehrenamt:	2. Vorsitzender des Schweriner Vereins zur Pflege volkstümlichen Brauchtums, unter anderem habe ich mit meinen Vereinskollegen Volkstanzaufführungen an Schulen veranstaltet und konnte neue Mitglieder gewinnen *was soll das hier?*
••• Schule:	Besuch der Grundschule 1981 – 1985 Besuch der Mittelschule Ernst Thälmann 1985 – 1990 Besuch der Mittelschule Schwerin 1990 – 1992
••• Ausbildungsdaten:	Ausbildung zum WKS-Gesellen 1992 – 1995 Ausbildung zum Betriebswirt des Handwerks 1996 – 1997 Ausbildung zum WKS-Meister 1999 *3 Ausbildungen?*
••• Arbeit:	WKS-Facharbeiter bei der Fa. Technik 1995 – 1999, ein regional ansässiger, traditionsbewusster Familienbetrieb, der Technikkomponenten anbietet, hier habe ich im kaufmännischen Auftragswesen gearbeitet *zu knapp*

Fehler „Schlechte Gestaltung“

Es macht keinen Spaß, sich durch den Lebenslauf von Patrick Genz zu kämpfen. Schon sein schlechtes Layout wird den Leser in der Personalabteilung abschrecken. Die doppelt unterstrichene Überschrift *Lebenslauf von Patrick Genz* ist wenig ansprechend. Außerdem hat Herr Genz das zu kleine Bewerbungsfoto ganz links an den Rand gequetscht. Warum er schließlich drei Punkte vor den einzelnen Blocküberschriften eingefügt hat, wird wohl sein Geheimnis bleiben. Der Strukturierung der Angaben dient es jedenfalls nicht.

Fehler „Formalien nicht im Griff“

Personalverantwortliche lieben es, wenn sie ohne Reibungsverluste arbeiten können. Initiativbewerber sollten deshalb darauf achten, dass sie gut erreichbar sind. Dazu gehört auch, auf dem Lebenslauf die vollständigen Kontaktdaten, insbesondere eine Telefonnummer, anzugeben. Diese Angaben fehlen im Lebenslauf von Herrn Genz. Zudem fehlen Erstellungsort und -datum sowie die Unterschrift des Bewerbers. Rückschlüsse auf den momentanen Wohnort können somit nicht gezogen werden. Ist Herr Genz ein Bewerber aus der Region? Welche Kosten fallen auf der Unternehmensseite an, wenn man ihn zu einem Gespräch einladen würde?

Fehler „Persönliche Angaben“

Es ist nicht ungewöhnlich, einen Lebenslauf mit persönlichen Angaben zum Familienstand, Geburtstag und -ort zu beginnen. Diese Angaben sind erwünscht. Ungewöhnlich ist es aber, wenn ein Bewerber betont, dass er *keine Kinder* hat und dass er in der *damaligen DDR* geboren worden ist. Warum erwähnt Herr Genz diese beiden Punkte? Wieder wird ein Personalverantwortlicher ins Grübeln kommen. Empfindet Herr Genz die Kinderlosigkeit seiner Ehe als Makel? Wird er dadurch so stark belastet, dass dies Auswirkungen auf seine berufliche Leistungen haben könnte? Und leidet er noch heute darunter, dass er in der DDR aufgewachsen ist? Oder vermisst er die damaligen Lebensumstände?

Fehler „Ehrenamt wichtiger als Beruf“

Prinzipiell wird es gerne gesehen, wenn sich Bewerber auch gesellschaftlich engagieren. Beim Lebenslauf sollte aber die Darstellung der beruflichen Qualifikation im Vordergrund stehen. Zunächst müssen Fakten geliefert werden, die begründen, warum der Bewerber für eine bestimmte Stelle infrage kommt. Bei seinem Lebenslauf hat Herr Genz das Ehrenamt jedoch ganz nach vorne gestellt, sodass man vermuten muss, das ihm sein *Verein zur Pflege volkstümlichen Brauchtums* wichtiger ist als seine beruflichen Aufgaben.

Fehler „Ewiger Azubi“

Mit dem Block *Ausbildungsdaten* präsentiert sich Herr Genz als „ewiger Azubi“. Dreimal taucht der Begriff *Ausbildung* auf: zum *WKS-Gesellen*, zum *Betriebswirt des Handwerks* und zum *WKS-Meister*. Diese Angaben sind nicht korrekt, denn bei der zweiten Angabe handelt es sich um eine *Fortbildung*, und die dritte bezeichnet eine *Weiterbildung* auf der Grundlage seiner Berufsausbildung. Ein ihm wohlgesonnener und erfahrener Personalverantwortlicher wird diese Angaben vielleicht übersetzen, aber die Mehrheit wird von zumindest zwei abgebrochenen Ausbildungen ausgehen.

keine Monate, warum?

Facharbeiter mit Projektabordnung bei der Fa. Lichtkonzept
2000 – jetzt, ich wechselte zu diesem Anbieter, um beruflich weiter zu kommen, neben meinen kaufmännischen Erfahrungen kam auch meine technische Ausrichtung in Aufgaben mit Projektcharakter hier wieder mehr zum Tragen

••• Hobbys: Kultur, PC ?

••• Sonstiges: Seminare und Trainingseinheiten zur Entwicklung der persönlichen und fachlichen Vorzüge ?

••• Computer: gute Anwendungssicherheit erworben im Beruf und in der Freizeit ?

Inhaltsleerer Lebenslauf,
Bewerber teilt nichts mit.

Zurück an Absender!

Fehler
„Wo ist die Zeitleiste“

Mühsam muss der Leser die Verweildauer in den einzelnen Stationen heraussuchen. Beim Lebenslauf von Herrn Genz fehlt eine durchgehende Zeitleiste. Damit wird der Lebenslauf sehr prüfungsunfreundlich. Gerade bei einer Initiativbewerbung lassen sich Personalverantwortliche aber nicht gerne zu unnötiger (Mehr-)Arbeit bewegen. Herr Genz hätte den zeitlichen Ablauf seiner bisherigen Entwicklung viel deutlicher aufzeigen sollen.

Fehler
„Lücken“

Eine Frage, die sich Personalprofis immer stellen, lautet: „Sind Lücken im Lebenslauf?“ Mit den Jahreszahlen als Zeitangabe erweist sich Herr Genz einen schlechten Dienst. Hier klingeln die Alarmglocken: Hat der Bewerber beispielsweise seine erste Berufstätigkeit im Januar 1999 beendet und die anschließende womöglich erst im Dezember 2000 angetreten? Wie immer bei der ausschließlichen Verwendung von Jahresangaben im Lebenslauf werden Spekulationen Tür und Tor geöffnet, im Zweifel immer negativen.

Fehler
„Inhaltsleere“

Bei den Angaben zur Person und zum Ehrenamt schreibt Herr Genz eher zu viel. Bei den beruflichen Stationen, die er *Arbeit* nennt, geht er dagegen viel zu knapp vor. Hier lässt sich nicht erkennen, worin die beruflichen Aufgaben im Einzelnen bestanden. Obwohl Herr Genz drei bis vier Zeilen füllt, bietet er doch nur Inhaltsleere an. Welche Aufgaben hat man ihm im *kaufmännischen Auftragswesen* übertragen? Woran zeigt sich seine *technische Ausrichtung?* Was sind Aufgaben mit *Projektcharakter?* Hinzu kommt die wiederholte Verwendung des Kürzels *WKS,* das für die meisten Personalverantwortlichen unverständlich ist. Wer vermutet dahinter schon das Wärme-, Kälte- und Schallschutzisolierer-Handwerk? Kommunikatives Geschick scheint dieser Bewerber nicht mitzubringen.

Fehler
„Mangelhafte zusätzliche Angaben“

Im Block *Sonstiges* erwähnt Herr Genz zwar Seminare und Trainingseinheiten. Welche *persönlichen und fachlichen Vorzüge* dadurch entwickelt wurden, erschließt sich aber nicht. Zudem wird auch nicht klar, welche Computerkenntnisse der Bewerber tatsächlich hat. Die *gute Anwendungssicherheit* möchte man ihm vielleicht glauben, vielleicht beschränkt sie sich aber auf Computerspiele und Internetauktionen.

Fazit

Zu knapp, zu wenig Aussagekraft, zu viele überflüssige Angaben. Ein hingepfuschter Lebenslauf, der schnell zurückgesandt werden wird. Absage!

Patrick Genz, Kastanienallee 87, 19058 Schwerin
Tel. (03 85) 12 43 87, E-Mail: Patrick.Genz@aol.de

gutes Foto

LEBENSLAUF

Persönliche Daten geb. am 03.08.1975 in Zwickau, verheiratet

Berufserfahrung

01/2000 bis heute — Projektleiter bei der Lichtkonzept GmbH, Schwerin
Produktionsplanung
Wirtschaftlichkeitsrechnung
Erstellung von Investitions- und Finanzplänen
Vertriebsunterstützung

okay

08/1995 bis 12/1999 — Projektleiter bei der Technik GmbH, Rostock
Kosten- und Leistungsrechnung
Angebotswesen
Auftragsakquise
Betreuung von Ausschreibungen
Personalentwicklung

keine Lücken

Fort- und Weiterbildung

03/1999 bis 08/1999 — Weiterbildung zum Isoliermeister an der Handwerkskammer Rostock
13.08.1999 — Meister im Wärme-, Kälte- und Schallschutzisolierer-Handwerk

02/1996 bis 07/1997 — Fortbildung zum Betriebswirt des Handwerkes an der Handwerkskammer Lübeck
04.07.1997 — Betriebswirt des Handwerkes

technisch + kaufmännisch interessiert, gut!

Überzeugend
„Ein persönlicher Auftritt“

Seinen verbesserten Lebenslauf beginnt Herr Genz mit vollständigen Kontaktdaten. Nicht nur die Telefonnummer, auch eine private E-Mail-Adresse gewährleisten eine schnelle Erreichbarkeit. Gleich nach den Kontaktdaten folgt das Bewerbungsfoto. Hier präsentiert sich ein sympathischer Bewerber. Zwar beginnt Herr Genz seinen Lebenslauf mit dem zentrierten Foto etwas ungewöhnlich, er hinterlässt aber einen überzeugenden ersten Eindruck.

Überzeugend
„Prüfungsfreundlich“

Der gesamte Lebenslauf ist prüfungsfreundlich gestaltet. Dies beginnt bei den fett formatierten Blocküberschriften und setzt sich in der Zeitleiste fort. In passenden Blöcken sind die relevanten Informationen untergebracht und werden gut strukturiert dargeboten. Herr Genz baut seinen Lebenslauf rund um seine beruflichen Qualifikationen auf. Er verzettelt sich nicht mehr in unnötigen Angaben und schafft es, ein individuelles Profil zu vermitteln.

Überzeugend
„Profil zu erkennen“

Für Personalverantwortliche ist besonders wichtig, schnell zu erfassen, mit welchen Aufgaben Bewerber aktuell vertraut sind und in der Vergangenheit betraut waren. Herr Genz wird diesem Informationsbedürfnis diesmal gerecht. Im Block *Berufserfahrung* gibt er ausgewählte Tätigkeiten an. Ein Personalverantwortlicher kann erkennen, dass er die *Produktionsplanung, Wirtschaftlichkeitsrechnung, Erstellung von Investitions- und Finanzplänen* sowie die *Vertriebsunterstützung* beim momentanen Arbeitgeber übernimmt. Die jetzigen Tätigkeiten ergänzen sich gut mit den vorher bearbeiteten Aufgaben *Kosten- und Leistungsrechnung, Auftragsakquise und Betreuung von Ausschreibungen.* Es wird klar, dass Herr Genz sich weiterentwickelt hat und mit immer anspruchsvolleren Aufgaben betraut worden ist.

Überzeugend
„Berufliche Entwicklung“

Diesmal erscheint der Bewerber nicht als „ewiger Azubi“. Im Gegenteil: Sowohl Leistungsbereitschaft als auch Lernwilligkeit von Herrn Genz sind deutlich zu erkennen. Die Ausbildung zum *Wärme-, Kälte- und Schutzisolierer* wird von ihm zusammen mit dem *Realschulabschluss* in Block *Ausbildung und Schule* angegeben. So macht er die Basis für seine weitere berufliche Entwicklung gut sichtbar. *Fort- und Weiterbildung* erscheinen jetzt in einem eigenen Block und werden richtig bezeichnet. Dass Herr Genz eine Brücke zwischen technischen und kaufmännischen Aufgaben schlagen kann, beweist seine Fortbildung zum *Betriebswirt des Handwerkes* und seine Weiterbildung zum *Meister im Wärme-, Kälte- und Schallschutzisolierer-Handwerk.* Alle drei Qualifikationsgänge hat Herr Genz erfolgreich abgeschlossen, was durch die Angabe der erfolgreichen Abschlüsse mit dem jeweiligen Tagesdatum dokumentiert wird.

Überzeugend
„Lückenlose Zeitangaben“

Nicht nur die Abschlussprüfungen sind diesmal klar gekennzeichnet. Mit Monats- und Jahreszahlen macht Herr Genz diesmal auch unmissverständliche Zeitangaben. Musste man in seinem schlecht gestalteten Lebenslauf noch vermuten, dass er Leerlaufzeiten kaschieren wollte, wird jetzt deutlich, dass es in seinem Werdegang keine Lücken gibt.

Patrick Genz, Lebenslauf Seite 2

Ausbildung und Schule

09/1992 bis 07/1995	Ausbildung zum Wärme, Kälte- und Schallschutzisolierer
28.07.1995	Geselle in der Wärme-, Kälte- und Schallschutzisolierung
03.07.1992	Realschulabschluss an der Mittelschule Schwerin

Seminare und Trainings

Aktuelles Wissen

07/2003	Wirtschaftsakademie Lübeck: „Kostensenkungsprogramme"
10/2002	Transferzentrum der Fachhochschule Kiel: „Controlling schlanker Geschäftsprozesse"
06/2001	Handwerkskammer Rostock: „Potenzialanalyse im Einkauf"
01/2000	Management-Consult Hamburg: „Reengineering von Geschäftsprozessen"

Zusatzqualifikationen

EDV-Kenntnisse	Plattformen: AS 400, Unix-Workstations, PC-Netze (alle sehr gut) Betriebssysteme: Unix, Windows NT (beide sehr gut) Anwendungssoftware: WinWord, Excel, PowerPoint, Lotus-Notes (alle ständig in Anwendung) Konstruktion: LogoCAD (gut)
Sprachen	Englisch (gut) Russisch (Grundlagen)

CAD für uns wichtig, gut!

Schwerin, 11.02.2004

Überzeugender Bewerber!
Einladung!

Überzeugend
„Lernwille“

Eigentlich würden die von Herrn Genz absolvierten Fort- und Weiterbildungen zum Betriebswirt und Meister schon ausreichen, um sein Entwicklungspotenzial sichtbar zu machen. Seine Lust am Lernen unterfüttert Herr Genz jedoch noch durch die Angaben zu ausgewählten *Seminaren und Trainings.* Er hat sich für die Darstellung von Schulungen der letzten vier Jahre entschieden, um die Aktualität seiner hinzugewonnenen Kenntnisse zu betonen. Als Projektleiter kommen ihm die Seminare *Reengineering von Geschäftsprozessen, Controlling schlanker Geschäftsprozesse* und *Kostensenkungsprogramme* sicherlich zugute.

Überzeugend
„EDV im Griff“

Genauso aussagekräftig wie der Lebenslauf begonnen hat, endet er auch. Im Block *Zusatzqualifikationen* entfaltet Herr Genz jetzt sein EDV-Profil. Auf vage Angaben hat er diesmal verzichtet und führt stattdessen detailliert die *Rechnerplattformen, Betriebssysteme* und *Anwendungssoftware* auf. Neben den Produktnamen ordnet er auch seine Kenntnisse ein. Der tägliche Umgang mit der EDV rundet sein Profil als *Technischer Projektleiter* ab. Auch ein Hinweis auf seine *CAD-Kenntnisse* in der Konstruktion fehlt nicht.

Fazit

Ein interessanter Initiativbewerber mit einem gut dargestellten Qualifikationsprofil. Lebensläufe wie diese ersehnt man sich in der Personalabteilung. Eine Einladung zum Vorstellungsgespräch wird Herr Genz in den nächsten Tagen erhalten.

So gestalten Sie Ihren Lebenslauf

Personalverantwortliche werden sich nicht die Mühe machen, aus unübersichtlich aneinander gereihten Daten die für sie wesentlichen Informationen herauszufiltern. Gliedern Sie deshalb Ihren Lebenslauf, damit die für die Wunschposition relevanten Informationen dem Leser sofort ins Auge springen. Eine zentrale Rolle spielt dabei der Block *Berufstätigkeit*, den Sie am ausführlichsten gestalten sollten. Zusätzlich sollten Sie die Blöcke *Studium/Ausbildung*, *Weiterbildung* und *Zusatzqualifikationen* mit Inhalt füllen.

Das Wichtigste zuerst

Gerade bei Initiativbewerbungen ist für Personalverantwortliche entscheidend, ob Ihre bisherigen Tätigkeiten vermuten lassen, dass Sie die Anforderungen der neuen Position bewältigen können. Ihre momentane Tätigkeit sagt darüber am meisten aus und ist daher für die Unternehmensseite der wichtigste Punkt. Daher empfehlen wir Ihnen die rückwärts-chronologische Darstellung der Stationen Ihres Werdeganges. Konkret heißt das, dass Sie die einzelnen Blöcke, die Sie in Ihrem Lebenslauf bilden, immer mit den aktuellsten Informationen beginnen sollten.

Präzise und aussagekräftig

Viel zu viele Bewerber vergeben die Chance, ihre Berufserfahrung aussagekräftig darzustellen. Oft werden im Lebenslauf nur das Unternehmen, bei dem der Bewerber beschäftigt ist oder war und die dazugehörige Berufsbezeichnung angegeben. Mit einer Aussage wie *Diplomingenieur bei der Elektro AG* können Personalverantwortliche aber nichts anfangen, da sie keine Angaben über die tatsächlich ausgeübten Tätigkeiten enthält. Ersparen Sie dem Leser im Unternehmen das große Rätselraten. Präziser ist die Angabe *Elektro AG, Niederlassung München, Bereich Konstruktion, Abteilung Prototypenentwicklung, Projektingenieur, Tätigkeiten: 3-D-Konstruktion, Integration komplexer Komponenten, Projektmanagement, Kostencontrolling, Terminplanung, technische Dokumentation, Sonderprojekt: Entwicklung einer Know-how-Datenbank für Konstruktionsabläufe.* Geben Sie auch Ihre Berufserfahrung nach dem Schema *Unternehmen, Ort, evtl. Bereich, Abteilung, Stellenbezeichnung, ausgewählte Tätigkeiten, Sonderaufgaben und Projekte* an.

Material für die Aufgabenbeschreibung

Halten Sie sich bei der Tätigkeitsbeschreibung an eine stichwortartige Aufzählung. Formulieren Sie keine ganzen Sätze, aber verwenden Sie auch keine Abkürzungen, die Außenstehenden nicht geläufig sind. Material für Ihre stichwortartigen Angaben haben Sie bereits bei der Erstellung des Stellenprofils gesammelt, zu dem Sie Stellenanzeigen herangezogen haben, in denen Ihre momentane Position ausgeschrieben wird. Weitere Stichworte finden Sie in Arbeitsplatzbeschreibungen, Arbeitszeugnissen oder Projektberichten.

Checkliste für Ihren Lebenslauf

- ❑ Ist der erste Eindruck Ihres Lebenslaufs gefällig?
- ❑ Haben Sie Ihre Kontaktdaten aufgeführt (Name, Anschrift, Telefon, private E-Mail-Adresse, Handy)?
- ❑ Sind die persönlichen Daten vollständig (Geburtsdatum, -ort, Familienstand, Kinder, Nationalität)?
- ❑ Haben Sie aussagekräftige Blöcke gebildet (beispielsweise Berufstätigkeit, Studium/Ausbildung, Weiterbildung, Fremdsprachen, EDV-Kenntnisse, Hobbys)?
- ❑ Sind die Zeitangaben zu den einzelnen Stationen in den jeweiligen Blöcken chronologisch?
- ❑ Haben Sie Zeitangaben in Monat und Jahr aufgeführt?
- ❑ Ist der Lebenslauf lückenlos (keine Fehlzeiten)?
- ❑ Haben Sie berufliche Stationen korrekt angegeben (Firma mit richtiger Rechtsform, Ort, Unternehmensbereich, Abteilung, Positionsbezeichnung)?
- ❑ Sind die von Ihnen in den einzelnen beruflichen Stationen wahrgenommenen Aufgaben stichwortartig beschrieben?
- ❑ Werden Sonderaufgaben und/oder Projekte genannt?
- ❑ Falls Sie über Führungserfahrung verfügen: Haben Sie die Anzahl der Ihnen zugeordneten Mitarbeiter angegeben? Ist Ihre Führungserfahrung (Projektleitung, Stellvertretung von Führungskräften, Weisungsbefugnisse) deutlich genug herausgestellt?
- ❑ Sind die wichtigsten beruflichen Stationen (üblicherweise die letzten beiden) ausführlich genug beschrieben?
- ❑ Wird ein roter Faden im Lebenslauf deutlich, der auf die Wunschposition hinführt?
- ❑ Haben Sie berufliche Erfolge konkret herausgestellt (Umsatz- und Gewinnsteigerungen, Qualitätsverbesserungen, Ausweitung des Kundenstammes)?
- ❑ Entsteht beim Leser das Bild eines zupackenden Machers?
- ❑ Haben Sie längere Verweildauern bei einem Arbeitgeber unterteilt und so Ihren innerbetrieblichen Aufstieg deutlich gemacht?
- ❑ Sind die von Ihnen angegebenen Weiterbildungsmaßnahmen relevant für die neue Position?
- ❑ Ist ersichtlich, dass Sie nicht nur Ihre Fachkenntnisse, sondern auch Ihre Soft Skills in Seminaren und Trainings weiterentwickelt haben?
- ❑ Haben Sie sowohl auf weitschweifige Umschreibungen als auch auf unverständliche Abkürzungen verzichtet?
- ❑ Haben Sie Ihre Sprach- und EDV-Kenntnisse bewertet?
- ❑ Ist der Lebenslauf von Ihnen unterschrieben worden, und haben Sie Erstellungsort und -datum angegeben?

Persönliche Kontakte: Der Königsweg

Der gezielte Einsatz des Telefons oder der Kontaktaufbau auf Fachmessen, Kongressen oder Tagungen ist bei Initiativbewerbungen unverzichtbar. Die Anknüpfungspunkte, die Sie sich in einem persönlichen Gespräch erarbeiten können, bewirken, dass Sie aus der gesichtslosen Masse heraustreten. Erarbeiten Sie sich für Ihre Initiativbewerbung eine gute Ausgangsposition, indem Sie aus der Anonymität heraustreten und vor dem Versand Ihrer Bewerbungsmappe das persönliche Gespräch suchen.

Suchen Sie das persönliche Gespräch

Viele Initiativbewerber und -bewerberinnen haben Angst davor, sich in Gesprächen schlecht darzustellen. Um sich dieser Gefahr nicht auszusetzen, verzichten sie lieber auf Vorabkontakte. Dabei sind die Vorteile, die sich für eine Initiativbewerbung ergeben, so vielfältig, dass auf ein persönliches Gespräch mit einem Vertreter des Wunschunternehmens nicht verzichtet werden sollte. Wenn Sie Ihr Gespräch gut vorbereiten, geraten Sie auch gar nicht erst in Gefahr, sich zu blamieren. Im Gegenteil, Sie erhalten die Chance, Sympathiepunkte zu erzielen, die sich bei der späteren Überprüfung Ihrer Unterlagen zu Ihren Gunsten auswirken werden. Ein weiterer Vorteil für Sie ist, dass Sie in persönlichen Gesprächen Zusatzinformationen erfragen können, mittels derer Sie Ihre Initiativbewerbung noch passgenauer auf die Wunschposition zuschneiden können.

Vorsicht vor Monologen!

Natürlich sind persönliche Gespräche keine Selbstläufer. Da wir nicht nur in engem Kontakt mit Bewerberinnen und Bewerbern, sondern auch mit Personalprofis stehen, wissen wir, dass die Kontaktaufnahme von Initiativbewerbern nicht selten auch für Kopfschütteln auf der Unternehmensseite sorgt. Manche Bewerber reden sich förmlich um Kopf und Kragen, weil sie Schwierigkeiten mit Kollegen oder Vorgesetzten in den Mittelpunkt ihrer Ausführungen stellen. Andere wiederum wirken völlig unentschlossen und konfus und können nicht vermitteln, was sie mit dem Gespräch eigentlich bezwecken wollen. Eine dritte Gruppe versucht, sich anzubiedern, ohne den Nutzen präzise benennen zu können, den ihre Einstellung für das umworbene Unternehmen hätte. Viele unvorbereitete Bewerber scheitern einfach daran, dass sie die zarte Pflanze Sympathie schon im Keim ersticken, weil sie negativ kommunizieren. Sie stoßen den Gesprächspartner mit Vorwürfen vor den Kopf, bauen körpersprachlich aggressive Spannungen auf oder geben sich komplett hilflos.

Gesprächsziele definieren

Die meisten Gesprächsfehler resultieren daraus, dass Initiativbewerber ein Gespräch mit Firmenvertretern führen – ohne eine genaue Vorstellung davon, was sie mit diesem Gespräch eigentlich erreichen wollen. Deshalb sollten Sie unbedingt Gesprächsziele festlegen, schon allein, um etwas von dem Druck abzubauen, unter dem Sie wahrscheinlich stehen. Machen Sie sich bewusst, dass die Vorabkontakte keine Einstellungsgespräche sind. Sie müssen nicht – wie Haustürverkäufer

– als Drücker auftreten, der sich um jeden Preis durchsetzen muss. Die Definition von Teilzielen bringt Sie hier weiter: Sie können sich beispielsweise vornehmen herauszufinden, wer persönlicher Ansprechpartner für eine schriftliche Bewerbung ist, ob es kurz- oder mittelfristig Einstellungsbedarf gibt, welche Zusatzqualifikationen besonders gefragt sind und ob Ihnen die Unternehmenskultur zusagt.

Kontakte

Nachdem Sie Ihre individuellen Gesprächsziele definiert haben, geht es darum, den Kontakt herzustellen. Hierfür gibt es vielfältige Möglichkeiten. Sie können direkt in der Personalabteilung anrufen und Ihre Fragen stellen. Sie können auf Fachmesssen, Karrieretagen oder Kongressen den Kontakt zu (zukünftigen) Fachkollegen suchen. Sie können sich im Internet informieren, oder sie können Informationsmaterial des Unternehmens anfordern und sich an die genannten Kontaktpersonen wenden. Darüber hinaus können Sie auch Networking betreiben. Da Sie über einige Jahre Berufserfahrung verfügen, haben Sie sicherlich auch Kontakte in andere Unternehmen geknüpft. Gehen Sie doch einmal Ihre beruflichen Kontakte durch. Auf welche Ansprechpartner könnten Sie für eine Bewerbung zurückgreifen? Denken Sie an Kunden, Berater, Verkäufer, Einkäufer oder Zulieferer. Und vielleicht kennen Sie ja sogar den einen oder anderen Abteilungsleiter, Bereichsleiter oder Geschäftsführer. Und zu guter Letzt bieten sich ehrenamtliche Tätigkeiten als Kontaktbörsen an. Lassen Sie sich gegebenenfalls Ansprechpartner in Firmen empfehlen, die Sie für Ihre Initiativbewerbung ansprechen können.

Damit Sie sich nicht nur mit der Theorie, sondern auch mit den Tücken der Praxis konstruktiv auseinander setzen, stellen wir Ihnen anhand der folgenden Negativ- und Positivbeispiele vor, was Bewerber bei der Kontaktaufnahme falsch machen und wie es besser geht. Zunächst geht es um eine misslungene Kontaktaufnahme auf einer Messe. Anschließend erfahren Sie, wie dieses Messegespräch hätte besser gestaltet werden können. Im zweiten Beispiel zeichnen wir ein Telefongespräch nach, das zur Vorbereitung einer Initiativbewerbung geführt wurde. Auch hier haben sich ohne Vorbereitung viele Fehler eingeschlichen, die in der optimierten Version ausgeräumt sein werden.

Der Bewerber Dirk Weber hat für sich entschieden, dass ein Stellenwechsel für seine weitere Karriereentwicklung notwendig ist. Seit drei Jahren arbeitet er im Außendienst. Ein Aufstieg bei seinem jetzigen Arbeitgeber ist eher unwahrscheinlich, denn die Regionalleiterposten sind langfristig mit verdienten Mitarbeitern besetzt worden. Es ist nicht absehbar, dass einer von ihnen in nächster Zeit seinen Posten verlassen wird. Um den Sprung zu einem anderen Unternehmen zu vollziehen, hat Herr Weber eine Initiativbewerbung verfasst. Diese möchte er nun auf einer Karrieremesse, die sich dem Thema „Sales & Account“ widmet, an den Mann oder die Frau bringen.

BEWERBER: „Guten Tag. Na, wie läuft das Geschäft?“

STANDBETREUERIN: „Wir sind sehr zufrieden mit dem Zuspruch, den unser Messestand findet.“

BEWERBER: „Das freut mich, aber ich sehe da doch einige Mängel in Ihrer Präsentation. Zum Beispiel fehlt mir der Eyecatcher für Ihre Angebote. Und mit dem Werbematerial haben Sie sich ja auch sehr zurückgehalten. Die anderen Aussteller bieten viel wertigere Giveaways.“

STANDBETREUERIN: „Wissen Sie, wir versuchen, Interessenten nicht zu blenden. Bei der Marktposition unseres Unternehmens ist das auch gar nicht notwendig. Wir haben gute Angebote für alle Interessenten. Wofür interessieren Sie sich denn?“

BEWERBER: „Ich bin gekommen, weil ich dachte, ich sollte Ihre Vertriebsmannschaft mal ein bisschen unterstützen.“

STANDBETREUERIN: „Kennen Sie unser Unternehmen schon? Ich gebe Ihnen gerne einige Prospekte, mit denen Sie sich umfassend über berufliche Einstiegsmöglichkeiten informieren können.“

BEWERBER: „Na, mir können Sie nichts vormachen. Vertrieb ist Vertrieb, und wie Sie sich hier mit Ihrem Stand präsentieren, wird in Ihrer Firma doch einiges im Argen liegen. Da brauche ich mich nicht weiter zu informieren. Wo kann ich denn meine Bewerbung loswerden?“

STANDBETREUERIN: „Ihre Art der Kundenansprache ist ja recht erfrischend. Damit feiern Sie also große Erfolge im Vertrieb?“

BEWERBER: „Das haben Sie gut erkannt! Würden Sie nun meine Bewerbung an Ihren Chef dort hinten weitergeben, oder soll ich sie besser gleich selber zum Entscheidungsträger bringen?“

STANDBETREUERIN: „Gehen Sie ruhig, mein Assistent wird Ihre Bewerbung auch in Empfang nehmen.“

BEWERBER: „Haha, der war gut. Sie sind also die Chefin hier.“

STANDBETREUERIN: „So kann man sich täuschen.“

BEWERBER: „Nichts für ungut, ich bin nun mal eine Frohnatur. Schauen Sie sich meine Bewerbung doch einmal an. Ich habe auch eine Visitenkarte beigelegt. Da können Sie sich ja bei Interesse melden.“

STANDBETREUERIN: „Sicher. Wollen Sie noch einen Kugelschreiber mitnehmen?“

BEWERBER: „Ach na ja, aber nur, weil Sie es sind. Tschüß.“

STANDBETREUERIN: „Tschüüühüß.“

Fehler
„Falsche Zielsetzung“

Statt ein Kernprofil für seine Kontaktaufnahme zu erarbeiten, hat sich Herr Weber anscheindend vorgenommen, sich mit seinem persönlichen Auftritt in den Vordergrund zu spielen. Der unnötige Druck, dem er sich dadurch aussetzt, lässt ihn im Gespräch leider immer wieder über die Stränge schlagen. Herr Weber hat die grundsätzliche Funktion von Messegesprächen nicht erkannt: Es geht nicht darum, Bewerbungsmappen in möglichst viele Hände zu drücken. Der Auftritt auf einer Messe dient vorrangig der persönlichen Kontaktanbahnung und dem Ziel, erstes Interesse am eigenen beruflichen Profil zu erwecken.

Fehler
„Vertriebsgenie von eigenen Gnaden“

Schon beim Gesprächseinstieg verwechselt Herr Weber Lockerheit mit Flapsigkeit. Er drängt die Standbetreuerin von Anfang an in die Defensive. Mit seiner Überrumpelungstaktik erzeugt er nur Skepsis statt eine Bereitschaft zum Dialog. Eine gewisse Anfangsnervosität wird gewiss jedem Interessenten zugestanden. Herr Weber zieht seinen „Stil“ aber weiter durch und zeigt damit leider auch, dass er die für eine Führungsposition im Vertrieb notwendigen Soft Skills (hier: Kontaktstärke, Flexibilität, Kundenorientierung) nicht mitbringt.

Fehler
„Kampf statt Kooperation“

Frei nach dem Motto „Angriff ist die beste Verteidigung“ prügelt Herr Weber verbal auf die Standbetreuerin ein. Was er sich dadurch erhofft, bleibt sein Geheimnis. Vermutlich möchte er nur Möglichkeiten zur Optimierung der Unternehmenspräsentation am Stand aufzeigen. Dabei missachtet er jedoch elementar die geltenden Regeln im zwischenmenschlichen Kontakt: Mit einem Angriff lässt sich nur ein Gegenangriff oder der Rückzug in eine Verteidigungsstellung provozieren. Aber ein Informationsaustausch wird dadurch massiv erschwert. Zudem wertet Herr Weber das Unternehmen durch den Vergleich der bereitgehaltenen Werbemittel ab. Es stellt sich sofort die Frage, warum er sich nicht bei den seiner Meinung nach „besseren“ Unternehmen bewirbt.

Fehler
„Abwertung des Gesprächspartners“

Mit dem Spruch „mir können Sie nichts vormachen“ stellt sich Herr Weber vollends ins Abseits. Trotzdem will er noch auf Teufel komm raus seine Bewerbung loswerden. Die Standbetreuerin schaltet auf Ironie um. Schließlich besteht keine Gefahr, dass ihre Ironie überhaupt verstanden werden wird. Tatsächlich missversteht Herr Weber ihre Spitze mit der „erfrischenden Kundenansprache“ und fühlt sich gebauchpinselt. Es scheint, als hätte endlich jemand seine wahren Talente erkannt. Im trügerischen Gefühl der Sicherheit entwischt ihm sogar noch seine Ansicht, dass Frauen nichts zu entscheiden haben. Der einzige Mann am Stand wird sogleich zum Chef deklariert, der für notwendige Entscheidungen zuständig ist. Die Erkenntnis, dass er bereits mit der für seine Bewerbung entscheidenden Person spricht, trifft ihn unvorbereitet.

Fazit

Die Bewerbungsmappe wird auf keinen Fall ihren Weg ins Unternehmen finden: Ab in den Papierkorb damit!

Im folgenden Positivbeispiel hat sich Herr Weber vor seinem Besuch der Karrieremesse mehr Gedanken über seinen Auftritt gemacht. Er hat sich auf Basis seines Stellenprofils ein Kurzprofil erarbeitet, um Gesprächen den richtigen Input geben zu können. Wichtige Schlüsselbegriffe in seinem Kurzprofil sind die Schlagworte *Vertrieb neu strukturiert, an Projektgruppen beteiligt, Effizienzsteigerung im Vertrieb* und *Kundenstamm aufgebaut.* Diese Schlüsselbegriffe setzt er im Gespräch mit Unternehmensvertretern ein, um sich elegant in Szene zu setzen. Auf das Aushändigen von standardisierten Bewerbungsmappen verzichtet er bewusst. Sein Ziel ist es, Informationen zu erfragen, mit denen er anschließend seine Initiativbewerbung passgenau auf das Wunschunternehmen zuschneiden kann.

BEWERBER: „Guten Tag, ich hätte gar nicht gedacht, dass ich auf dieser Messe auf so viel interessante Unternehmen stoße. Sind Sie denn auch zufrieden?“

STANDBETREUERIN: „Ja, wir sind jetzt zum zweiten Mal auf dieser Karrieremesse vertreten. Der Besucherzuspruch ist gegenüber dem letzten Jahr nochmals gestiegen. Wir werden auch weiterhin die Chance nutzen, unser Unternehmen auf dieser Messe vorzustellen. Was kann ich denn für Sie tun?“

BEWERBER: „Ich habe schon einige Informationen über Ihr Unternehmen gesammelt (unauffälliger Blick auf das Namensschild!), Frau Steffen. Besonders die Struktur Ihres Vertriebes interessiert mich. Arbeiten Sie eher mit Vertriebsteams oder mit einzelnen Vertretern, die von einem Regionalleiter koordiniert werden?“

STANDBETREUERIN: „Oh, Sie haben ja ganz spezielle Fragen. Ich entnehme Ihren Äußerungen, dass Sie selbst im Vertrieb tätig sind. Ist das richtig?“

BEWERBER: „Ja, Sie haben mich gleich durchschaut. Ich heiße Dirk Weber und bin seit drei Jahren im Vertrieb tätig. Bei meinem Einstieg hätte ich gar nicht mit der Vielfalt der Aufgaben gerechnet. Ich habe zu einer Zeit angefangen, als der Vertrieb meiner jetzigen Firma neu strukturiert wurde. Da ergaben sich für mich interessante Möglichkeiten, sich an Projektgruppen zur Effizienzsteigerung im Vertrieb zu beteiligen. Die Startphase war schon anstrengend, ein neuer Kundenstamm musste aufgebaut werden, und die notwendigen Abstimmungsprozesse haben sehr viel Zeit in Anspruch genommen. Dennoch, ich hätte mir keinen spannenderen Einstieg wünschen können.“

STANDBETREUERIN: „Und Sie möchten auch weiterhin im Vertriebsbereich arbeiten, Herr Weber?“

BEWERBER: „Ja, auf jeden Fall, Frau Steffen. Momentan suche ich so ein bisschen nach der neuen Herausforderung.“

Überzeugend
„Small Talk zum Einstieg“

Herr Weber startet diesmal unverfänglich in das Gespräch am Messestand. Er weiß, dass es zuerst darum geht, überhaupt in eine Unterhaltung einzusteigen. Um das Eis zu brechen, wählt er einen lockeren und positiven Gesprächseinstieg. Er lobt die Messe im Allgemeinen und macht mit dem Hinweis auf die vielen interessanten Unternehmen deutlich, dass er die Kunst des Small Talk beherrscht. Statt gleich von sich und seinen Wünschen zu sprechen, erkundigt er sich zunächst nach dem Eindruck der Unternehmensvertreterin. Das Gespräch kann sich dadurch unbelastet weiterentwickeln.

Überzeugend
„Vom Monolog zum Dialog“

Die Standbetreuerin nimmt den zugespielten Ball auf. Auch sie stellt die positiven Aspekte der Messe in den Vordergrund. Dass sie lockerer ist als im Negativbeispiel, zeigt ihre längere Antwort. Sie verhält sich neutral, aber aufgeschlossen und fragt den Bewerber nach seinen Wünschen. An dieser Stelle wird der Einstieg in das eigentliche Informationsgespräch vollzogen.

Überzeugend
„Kommunikationsgeschick in Aktion“

Den ersten sympathischen Eindruck baut Herr Weber weiter aus. Er stellt sich gleich als informierter Interessent dar und redet die Standbetreuerin mit ihrem Namen an. Diesen hat er mit einem Blick auf das Namensschild erfasst und setzt sein Wissen nun ein, um Verbundenheit herzustellen. Die Ansprache mit dem Namen ist ein wirkungsvolles Mittel, um Menschen aus der Anonymität herauszuholen und einen persönlichen Kontakt herzustellen. Mitarbeitern aus den Bereichen Vertrieb, Marketing und Public Relations sollte diese Vorgehensweise ganz besonders vertraut sein. Herr Weber besteht diesen ersten Test in Sachen Kommunikationsstärke.

Überzeugend
„Ernsthafter Bewerber“

Damit von Anfang an klar ist, dass Herr Weber kein Broschürensammler und Kugelschreiberjäger, sondern ein ernsthafter Bewerber ist, stellt er gleich zu Beginn eine gezielte Frage, die wichtig für seinen eigenen Arbeitsbereich ist. Damit erlaubt er der Standbetreuerin eine erste Einordnung seiner beruflichen Aufgaben. Sie reagiert prompt und entnimmt der Frage die beabsichtigte Information. Da nun die Standbetreuerin, Frau Steffen, von sich aus sein Qualifikationsprofil anspricht, kann Herr Weber schon an dieser Stelle Informationen über seine momentane Tätigkeit geben.

Überzeugend
„Die richtigen Schlagworte“

Die Chance, sich als interessante Vertriebspersönlichkeit darzustellen, lässt Herr Weber sich natürlich nicht entgehen. Er nennt seinen Namen und liefert eine prägnante Kurzbeschreibung seiner bisherigen beruflichen Erfahrungen. Hier achtet er darauf, dass die von ihm vorab erarbeiteten richtigen Schlüsselbegriffe fallen: *Vertrieb ... neu strukturiert, an Projektgruppen beteiligt, Effizienzsteigerung im Vertrieb* und *Kundenstamm aufgebaut.* Diese Schlüsselbegriffe bleiben auch bei Frau Steffen hängen. Durch die engagierte Schilderung seiner Tätigkeiten erreicht Herr Weber außerdem, dass sie ihm den Spaß an der Vertriebsarbeit abnimmt. Sie erkundigt sich, ob er weiterhin im Vertrieb arbeiten möchte. Dies ist jedoch eher eine rhetorische Frage. Mit dieser Vorlage ermöglicht sie es dem Bewerber, zu seinen weiteren Karrierewünschen Stellung zu nehmen.

Standbetreuerin: „Gute Vertriebsleute können wir immer gebrauchen. Ich werde Ihnen einmal ein paar Unterlagen zusammenstellen. Ich selbst bin in der Personalentwicklung tätig, spezielle Fragen sollten Sie, glaube ich, einmal mit unserem Außendienstleiter Herrn Hall besprechen. Der kann Ihnen Ihre Fragen sicherlich genauer beantworten, als ich es jetzt könnte."

Bewerber: „Das klingt sehr interessant. Ist Herr Hall auch hier?"

Standbetreuerin: „Nein, er hat andere Verpflichtungen. Sie sollten es telefonisch versuchen."

Bewerber: „Das mache ich gerne. Ist das aus Ihrer Sicht denn schon ein Schritt in Richtung einer Bewerbung bei Ihnen? Ich gestehe Ihnen ganz offen, dass mich Ihr Unternehmen schon einige Zeit interessiert. Es muss ja nicht jetzt sofort sein, aber in der nächsten Zeit könnte ich mir einen Unternehmenswechsel durchaus vorstellen."

Standbetreuerin: „Sehen Sie, ich habe Ihnen ja schon ganz zu Anfang gesagt, dass sich die Präsentation unseres Unternehmens auf dieser Messe lohnt. Es hat sich doch gerade ein interessanter Kontakt ergeben."

Bewerber: „Toll, ich freue mich über Ihr Interesse. Wie erreiche ich Sie denn im Unternehmen? Vielleicht brauche ich ja einmal eine Fürsprecherin für meine Bewerbungsaktivitäten."

Standbetreuerin: „Hier ist meine Karte. Lassen Sie uns gleich das weitere Vorgehen abstecken. Sie nehmen Kontakt zu Herrn Hall auf. Ich schreibe Ihnen die Durchwahl hinten auf meine Karte. Wenn Sie und Herr Hall zu der Entscheidung gelangen, dass Sie miteinander auskommen könnten, sollten Sie sich bei mir melden. Dann besprechen wir die weiteren Schritte."

Bewerber: „Diese Möglichkeit werde ich auf jeden Fall nutzen. So wie ich Ihr Unternehmen bisher kennen gelernt habe, bin ich mir sicher, dass Sie in nächster Zeit von mir hören werden, Frau Steffen."

Standbetreuerin: „Ich kann Ihnen natürlich nichts versprechen. Rufen Sie mich aber auf jeden Fall nach dem Gespräch mit Herrn Hall an."

Bewerber: „Damit sich meine Kinder genauso freuen wie ich jetzt, würde ich gerne noch ein paar von den Kugelschreibern und Luftballons mitnehmen."

Standbetreuerin: „Wie alt sind Ihre Kinder denn?"

Bewerber: „Ich habe eine Tochter, die ist jetzt ein Jahr alt, und mein Sohn ist drei Jahre alt. Die beiden halten mich zu Hause ganz schön auf Trab."

Standbetreuerin: „Ich schau mal eben, ob wir nicht noch etwas Besonderes für Ihre Kinder haben. Kugelschreiber und Luftballons können Sie sich natürlich gerne mitnehmen, keine falsche Bescheidenheit."

Bewerber: „Vielen Dank für das Gespräch, Frau Steffen."

Standbetreuerin: „Wir bleiben in Kontakt, Herr Weber."

Überzeugend „Wechselwünsche ohne Druck“

Das Interesse der Standbetreuerin ist Herrn Weber nicht entgangen. Nun kann er seine Bewerbungsabsichten offen legen. Sein Profil steht schließlich im Raum. Es geht nicht mehr um irgendeine Tätigkeit, sondern ganz gezielt um seine persönliche Entwicklung. Um zu verdeutlichen, dass er am momentanen Arbeitsplatz nicht unter Druck steht, formuliert Herr Weber seine Wechselabsichten vorsichtig und stellt die *neue Herausforderung* als Antrieb für eine Veränderung dar.

Überzeugend „Zusatzinformationen bekommen“

Das Gespräch ist jetzt in die Phase eingetreten, in der die Beteiligten offener miteinander umgehen. Nachdem Herr Weber seine Bewerbungsabsichten ausgesprochen hat, reagiert die Standbetreuerin und weist auf die Möglichkeit eines Einstiegs in ihrem Unternehmen hin. Besonders interessant wird es für Herrn Weber dadurch, dass Frau Steffen den Außendienstleiter ins Gespräch bringt. Der souveräne Auftritt des Bewerbers zahlt sich jetzt aus. Frau Steffen scheint bereit zu sein, ihm abseits der üblichen Bewerbungswege eine besondere Chance zu geben: Im Gespräch mit dem Leiter der Fachabteilung, Herrn Hall, kann Herr Weber über für ihn geeignete Positionen sprechen. Eine Bewerbung an die Personalabteilung ließe sich dann mit diesen Vorgaben natürlich treffsicher formulieren. Die Voraussetzung ist selbstverständlich, dass Herr Weber sein Telefonat mit dem Außendienstleiter genauso souverän führt wie sein momentanes Kontaktgespräch am Messestand.

Überzeugend „Selbstmarketing für mehrere Adressaten“

Herr Weber verlässt sich aber nicht nur auf den Kontakt zu Herrn Hall. Er nutzt das gute Verhältnis, um auch die Standbetreuerin in seine Bewerbungsaktivitäten einzubeziehen. Ein weiteres Mal betont er sein Interesse an dem Unternehmen und bittet um Frau Steffens Kontaktdaten. Die wichtigen Punkte sind geklärt, das Gespräch könnte nun auslaufen.

Überzeugend „Souverän bis zum Schluss“

Um der Standbetreuerin auf jeden Fall im Gedächtnis zu bleiben und die gegenseitige Sympathie weiter zu verstärken, bringt Herr Weber noch Persönliches ins Gespräch: Mit der Bitte um Kugelschreiber und Luftballons für seine Kinder kehrt er zum Small Talk zurück. Auch diesmal lässt es sich die Standbetreuerin nicht nehmen, ihm etwas Besonderes anzubieten. Beim Abschied bedankt sich Herr Weber noch einmal bei Frau Steffen. Diese bekräftigt daraufhin ihr Interesse an ihm als außergewöhnlichem Bewerber.

Fazit

Aus Sicht der Unternehmen sind Messegespräche mit Bewerberinnen und Bewerbern ein Schnelltest in Sachen Soft Skills. Herr Weber hat diesen Test souverän gemeistert. Trotz knapper Zeitvorgaben hat er seine Stärken im Berufsfeld Vertrieb nachvollziehbar vermitteln können. Damit empfiehlt er sich als Wunschkandidat, den man unbedingt wiedersehen möchte!

Sina Meinel ist als Junior Consultant in der IT-Beratung tätig. Sie möchte ihren beruflichen Aufstieg vorantreiben und Projektmanagerin im Business Support werden. Eine Liste mit Unternehmen, die entsprechende Beschäftigungsmöglichkeiten anbieten, hat sie bereits recherchiert. Jetzt möchte sie sich mit einem Telefonat erkundigen, ob sich eine Initiativbewerbung lohnt. Sie hat sich von der Telefonzentrale der European Industries AG zur Personalabteilung durchstellen lassen.

PERSONALVERANTWORTLICHER: „Personalabteilung der European Industries AG, mein Name ist Stefan Timm. Was kann ich für Sie tun?"

BEWERBERIN: „Guten Tag, mein Name ist Sina Meinel. Ich möchte mich beruflich verändern."

PERSONALVERANTWORTLICHER: „Wie kann ich Ihnen da weiterhelfen, Frau Meinel?"

BEWERBERIN: „Ich würd' mich gerne bei Ihnen bewerben."

PERSONALVERANTWORTLICHER: „Tun Sie das ruhig. Wir sind immer interessiert an guten Bewerberinnen und Bewerbern."

BEWERBERIN: „Ja, aber ich wollte mich initiativ bewerben, daher weiß ich gar nicht, was gefordert ist."

PERSONALVERANTWORTLICHER: „Als was möchten Sie denn bei uns tätig werden?"

BEWERBERIN: „Am liebsten als Projektmanagerin. Zur Zeit arbeite ich in einer Unternehmensberatung. Die möchte ich aber gerne verlassen."

PERSONALVERANTWORTLICHER: „Aus welchen Gründen denn?"

BEWERBERIN: „Nicht dass Sie jetzt denken, es gäbe irgendwelche Probleme. Ich bin eigentlich ganz zufrieden. Aber ich möchte nicht mein Leben lang als Beraterin in einem kleinen Team verbringen."

PERSONALVERANTWORTLICHER: „Wieso nicht? Das ist doch sicherlich eine interessante Aufgabe, oder nicht?"

BEWERBERIN: „Na ja schon, aber die Unternehmensberatung ist ziemlich klein, und ich würde gerne die Aufstiegsmöglichkeiten in einem großen Unternehmen nutzen."

PERSONALVERANTWORTLICHER: „Was haben Sie denn bisher gemacht?"

BEWERBERIN: „Wie schon gesagt, ich habe als Beraterin in einem kleinen Team gearbeitet. Hauptsächlich habe ich untersucht, was man bei Firmen verbessern kann. Bin ich damit für Sie interessant?"

PERSONALVERANTWORTLICHER: „Das kann ich Ihnen im Moment nicht sagen. Schicken Sie doch einfach eine Bewerbung."

BEWERBERIN: „Können Sie mir wirklich nicht sagen, ob sich das überhaupt für mich lohnt?"

PERSONALVERANTWORTLICHER: „Sie haben natürlich Recht, bei einer Bewerbung fallen auch Kosten an. Überlegen Sie sich doch in Ruhe einmal, ob sich die Sache für Sie lohnt."

BEWERBERIN: „Jetzt bin ich aber ein bisschen verunsichert."

PERSONALVERANTWORTLICHER: „Oh, ich höre gerade, dass ein anderes Gespräch eingeht. Wir haben ja auch schon alles besprochen. Auf Wiederhören, Frau ... äh."

BEWERBERIN: „Auf Wiederhören, trotzdem danke."

Fehler
„Schuss ins Blaue“

Leider geht Frau Meinel in ihrem Telefonat nach dem Motto vor: „Mal hören, was passiert, wenn ich einfach mal anrufe.“ Solches unbedachtes Vorgehen sorgt in einem Telefonat beim Gesprächspartner für die Einschätzung, dass ihm jemand die Zeit stehlen will. Gleichzeitig trägt Frau Meinel damit aber auch zur eigenen Verwirrung bei und schafft es nicht, positive Effekte mit ihrem Anruf auszulösen.

Fehler
„Wer will was?“

Beim Gesprächseinstieg liefert Frau Meinel keine Informationen. Der Personalverantwortliche wird darüber im Unklaren gelassen, mit wem er es eigentlich zu tun hat. Nur aus dem Wunsch nach beruflicher Veränderung kann er indirekt schließen, dass es sich bei Frau Meinel nicht um eine Auszubildende oder eine Berufseinsteigerin handelt. Dennoch bleibt der Personalverantwortliche freundlich und erkundigt sich nach ihren Wünschen. Aber auch diese zweite Chance lässt sich Frau Meinel entgehen.

Fehler
„Falscher Wechselgrund“

Frau Meinel erweckt den Eindruck, dass es ihr einziges Ziel sei, zu irgendeinem anderen Unternehmen zu wechseln. Bei ihrer Antwort auf die konkrete Frage nach ihrem Tätigkeitswunsch bestätigt sie diese Einschätzung ausdrücklich, indem sie bekennt, dass sie die Unternehmensberatung, in der sie zur Zeit arbeitet, gerne verlassen möchte.

Fehler
„Problemkandidatin“

Hätte Frau Meinel von sich aus eine aktive Informationspolitik betrieben, wäre ihr die nun folgende Auseinandersetzung mit dem Personalverantwortlichen erspart geblieben. So wie wir Frau Meinel bisher erlebt haben, reagiert sie auch dieses Mal: nämlich falsch. Mit der Aussage *Nicht, dass Sie jetzt denken, es gäbe irgendwelche Probleme* zwingt sie den Personalverantwortlichen förmlich dazu, nachzuhaken, um vielleicht doch noch einen Grund für den gewünschten Unternehmenswechsel zu finden.

Fehler
„Zeitdieb“

Die Meinung des Personalverantwortlichen steht jetzt fest: Frau Meinel weiß nicht, was sie will, stiehlt ihm somit nur die Zeit. Als Konsequenz beschränkt er sich darauf, sie abzublocken. Durch die Blume fordert er Frau Meinel dazu auf, doch zu bleiben wo sie ist. Man kann förmlich hören, wie er seine Aussage *Schicken Sie doch einfach eine Bewerbung* innerlich mit *oder lassen Sie es am besten bleiben* fortsetzt. Frau Meinel sieht ihre Felle davonschwimmen und verlegt sich am Ende auf flehentliche Hilferufe. Damit verspielt sie sich noch die letzte Sympathie des Personalverantwortlichen, der ihr mittlerweile deutlicher mitteilt, auf eine Bewerbung ganz zu verzichten. Anschließend wimmelt er sie einfach ab.

Fazit

Unfruchtbare Telefongespräche wie diese lassen Personalverantwortliche hoffen, dass das Telefon nie wieder klingeln möge.

Frau Meinel hat sich diesmal auf das Telefongespräch vorbereitet. Im Vorfeld hat sie ein Stellenprofil erarbeitet und sich mit ihrem Qualifikationsprofil auseinander gesetzt. Sie weiß jetzt, wie sie die richtigen Impulse setzen kann, um an verwertbare Informationen heranzukommen und erste Sympathie zu erwecken. Sie hat sich auch Argumente überlegt, um ihren Wechselwunsch plausibel zu begründen. Als Gesprächsaufhänger hat sie ein Kurzprofil vorbereitet, das ihre Qualifikation in wenigen Sätzen umreißt. So kann sie das Gespräch von Anfang an in die gewünschte Richtung lenken. Um gezielt an Informationen zu kommen, hat sie sich auch eigene Fragen überlegt. Dank dieser guten Vorbereitung entwickelt sich das Gespräch so günstig, dass Frau Meinel für ihre Initiativbewerbung einen persönlichen Adressaten gewinnt, den sie positiv einstimmen konnte.

Souverän am Telefon

Personalverantwortlicher: „Personalabteilung der European Industries AG, mein Name ist Stefan Timm. Was kann ich für Sie tun?"

guter Einstieg

Bewerberin: „Guten Tag Herr Timm, mein Name ist Sina Meinel. Ich arbeite als Consultant im IT-Bereich und interessiere mich für einen beruflichen Einstieg in Ihr Unternehmen."

Personalverantwortlicher: „Welche konkreten beruflichen Vorstellungen haben Sie denn?"

Bewerberin: „Ich würde gerne als Projektmanagerin im Business Support arbeiten. Momentan arbeite ich bei einem Consulting Unternehmen und habe SAP-Einführungen betreut. Dabei musste ich eng mit den Abteilungsleitern der betreffenden Unternehmen zusammenarbeiten und die Projektkalkulation übernehmen. Aufgrund meiner Erfahrungen möchte ich nun in den internen IT-Support eines Unternehmens wechseln."

Kurzprofil gelungen

Personalverantwortlicher: „Warum wollen Sie nicht mehr als Consultant tätig sein?"

auf Fangfrage vorbereitet

Bewerberin: „Ich möchte auch weiterhin als Consultant arbeiten. Da mir die kontinuierliche Zusammenarbeit mit Fachabteilungen sehr am Herzen liegt und ich die Notwendigkeit der ständigen Optimierung sehe, würde ich gerne im Business Support eines Unternehmens Aufgaben im IT-Consulting wahrnehmen."

Personalverantwortlicher: „Was ich bis jetzt gehört habe, klingt sehr interessant. Sie sollten sich auf jeden Fall bei uns bewerben."

Bewerberin: „Das mache ich gerne, Herr Timm. Wie wichtig sind Ihnen denn die Programmierkenntnisse bei Projektleitern im IT-Bereich?"

gut nachgehakt

Personalverantwortlicher: „Sie sollten sich schon auskennen. Allerdings würde es mir weniger um die eigentliche Programmierung gehen, sondern mehr um die Beurteilung von Tools und Applikationen. Also die Frage, wie anwenderfreundlich sind sie, und was ist technisch machbar?"

Überzeugend
„Stellenprofil im Blick"

In diesem Positivbeispiel gibt Frau Meinel nach der Begrüßung gleich Informationen zur Einordnung ihrer Qualifikation. Sie stellt die beiden Schlüsselbegriffe *Consultant* und *IT-Bereich* in den Raum, um Interesse zu wecken. Der Personalverantwortliche reagiert mit der Frage nach den weiteren beruflichen Vorstellungen. Als Bewerberin, die weiß, was sie will, kann Frau Meinel ihm diese Frage selbstverständlich beantworten: Sie möchte als *Projektmanagerin im Business-Support* arbeiten. Durch eine Vorabrecherche im Internet hat sie herausgefunden, dass das Unternehmen *SAP* einsetzt. Daher fehlt auch nicht der Hinweis auf ihre Tätigkeit im Rahmen von *SAP-Einführungen*. Sie achtet darauf, die in ihrer Vorbereitung erarbeiteten Bezüge zwischen ihren momentanen Aufgaben und der von ihr angestrebten Stelle herauszustellen, wie beispielsweise Erfahrungen in der *Projektkalkulation* und die *Wahrnehmung des IT-Supports.*

Überzeugend
„Wechsel plausibel gemacht"

Die informative Art der Gesprächsführung von Frau Meinel lässt den Personalverantwortlichen ebenso konzentriert zu Werke gehen. Natürlich erspart er Frau Meinel auch hier nicht die Frage, warum sie denn ihre jetzige Stelle aufgeben möchte. Aber darauf ist Frau Meinel natürlich vorbereitet und macht die von ihr beabsichtigte Kontinuität in ihrer Entwicklung deutlich. Sie betont, dass sie ihre bisherigen Aufgaben weiterführen möchte, stellt aber gleichzeitig heraus, dass sie sich eine Ausweitung ihrer Verantwortungsbereiche wünscht. Damit argumentiert sie nicht problemorientiert, sondern ergebnisorientiert, was jeden Unternehmensvertreter freuen würde. Ihr Blick ist nach vorne gerichtet.

Überzeugend
„Rückfragen stellen"

Der konstruktive Informationsinput von Frau Meinel und die plausible Begründung ihres Wechselwunsches überzeugen den Personalverantwortlichen. Er fordert Frau Meinel zu einer Bewerbung auf und äußert, dass er das Profil, so wie es bisher vermittelt wurde, sehr interessant finde. Frau Meinel hat jetzt bereits einen Fuß in der Tür. Sie weiß, dass ihr Gesprächspartner ihren Wunsch nach dem Wechsel in ein anderes Unternehmen akzeptiert. Jetzt ist die Bewerberin am Zug. Mit der Frage nach der Bedeutung von Programmierkenntnissen überprüft Frau Meinel, ob sie und der Personalverantwortliche die gleichen Tätigkeitsbereiche im Blick haben. Schließlich beabsichtigt sie, vorwiegend im Projektmanagement zu arbeiten. Eine Tätigkeit als Programmiererin liegt nicht in ihrem Interesse. Die Antwort des Personalverantwortlichen verdeutlicht, dass er das Profil von Frau Meinel ähnlich sieht. Er beschränkt die geforderten Programmierkenntnisse auf die Fähigkeit zur Einschätzung der Anwenderfreundlichkeit und technischen Machbarkeit.

Bewerberin: „Mit diesen Fragen setze ich mich auch momentan schon intensiv auseinander. Gibt es etwas, das ich in meiner Bewerbung unbedingt herausstellen sollte?" *offene Frage, gut!*

Personalverantwortlicher: „Nennen Sie ganz konkret die Tätigkeiten, die Sie momentan wahrnehmen. Neben der Betreuung von Fachabteilungen sollten Sie auch Ihre Kenntnisse in der Kostenkalkulation erwähnen. Dass Sie über umfassende SAP R/3-Kenntnisse verfügen, setze ich mal voraus. Dennoch müssen auch diese Angaben in Ihrer Bewerbung auftauchen."

Bewerberin: „Vielen Dank für die Informationen, Herr Timm. Ich würde mich freuen, wenn ich Ihnen in einem persönlichen Gespräch weitere Informationen über mein Profil geben könnte. Soll ich Ihnen eine vollständige Bewerbung schicken, oder möchten Sie zuerst eine Kurzbewerbung erhalten? Vielleicht über das Internet?" *so geht es weiter ✓*

Personalverantwortlicher: „Schicken Sie ruhig vollständige Bewerbungsunterlagen, Frau Meinel, und versenden Sie sie per Post. E-Mail-Bewerbungen sind bei uns nicht so gern gesehen, ich müsste die Unterlagen dann auch wieder ausdrucken."

Bewerberin: „Das mache ich gerne. Darf ich meine Bewerbung direkt an Sie adressieren?"

Personalverantwortlicher: „Machen Sie das. Senden Sie Ihre Bewerbungsunterlagen an Stefan Timm in der Personalabteilung der European Industries AG."

Bewerberin: „Vielen Dank für die Zeit, die Sie sich für mich genommen haben, Herr Timm. Die Unterlagen sind in den nächsten Tagen bei Ihnen. Schreiben Sie Ihren Nachnamen mit zwei oder mit einem ‚m'?" *souverän bis zum Schluss ✓*

Personalverantwortlicher: „Mit zwei ‚m'. Timm, wie ‚nimm'."

Bewerberin: „Okay, auf Wiederhören, Herr Timm."

Personalverantwortlicher: „Auf Wiederhören, Frau Meinel."

Überzeugend
„Nachgesetzt"

Um das gute Bild, das der Personalverantwortliche von ihr gewonnen hat, noch zu verstärken, weist Frau Meinel darauf hin, dass sie sich auch jetzt schon mit der Beurteilung von Tool- und Applikationsprogrammierungen beschäftigt. Auf der Grundlage der gewonnenen Akzeptanz kann sich Frau Meinel jetzt auch direkt nach Tipps für die Bewerbung erkundigen. Der Personalverantwortliche gibt ihr daraufhin konkrete Empfehlungen: Sie solle doch die *Betreuung von Fachabteilungen* herausstellen und ihre Kenntnisse in der *Kostenkalkulation* in den Vordergrund stellen.

Überzeugend
„Beim Namen genannt"

Immer wieder setzt Frau Meinel gezielt den Namen des Personalverantwortlichen ein, um den persönlichen Draht nicht abreißen zu lassen, so auch bei der Frage nach der erwünschten Bewerbungsform. Der Personalverantwortliche, Herr Timm, empfiehlt ihr eine vollständige Bewerbung per Post. Da er sehr zufrieden mit dem ersten Profilabgleich ist, beabsichtigt er, in eine intensive Prüfung einzusteigen.

Überzeugend
„Formales im Griff"

Auch die letzte Hürde im Telefongespräch überspringt Frau Meinel. Sie stellt sicher, dass sie den Personalverantwortlichen direkt anschreiben kann und dass sie seinen Namen richtig schreibt. Die Antwort des Personalverantwortlichen auf die Frage nach der Schreibweise seines Namens macht deutlich, dass Frau Meinel bereits auf Sympathie hoffen kann.

Überzeugend
„Detailarbeit lohnt sich"

Für ihre Initiativbewerbung hat sich Frau Meinel mit dem Anruf viele Vorteile erarbeitet. Sie hat nun einen konkreten Ansprechpartner in der Personalabteilung ihres Wunschunternehmens, mit dem sie auch nach dem Abschicken ihrer Bewerbungsunterlagen wieder in Kontakt treten kann. Die erfragten Zusatzinformationen erlauben es ihr, die Initiativbewerbung passgenau auszuformulieren. Der Personalverantwortliche hat bereits erstes Interesse an ihrem Qualifikationsprofil gezeigt. Auch bei der Frage der Bewerbungsform, vollständige Unterlagen oder Kurzbewerbung, hat sie von vornherein Fehler vermieden.

Fazit

Die mit einem Telefongespräch verbundenen Chancen hat Frau Meinel optimal genutzt. Sie ist auf dem Weg zu einer erfolgreichen Initiativbewerbung einen entscheidenden Schritt weitergekommen.

Treten Sie aus der Menge heraus

Unsere Beispiele haben Ihnen anschaulich vor Augen geführt, wie unvorbereitete Initiativbewerber in Vorabkontakten mit Personalverantwortlichen oder anderen Firmenvertretern ins Schleudern kommen und dann nur noch als Zeitdiebe wahrgenommen werden. Sie haben aber auch gesehen, wie man sich mit der richtigen Vorbereitung souverän in Szene setzen kann. Nutzen Sie die Möglichkeit, Ihrer Initiativbewerbung einen guten Weg zu bereiten. Bauen Sie sich Kontakte in Ihr Wunschunternehmen auf, um als informierter und kompetenter Initiativbewerber zu punkten.

Kurzprofil parat halten

In unserer Beratungspraxis erarbeiten wir mit Bewerbern stets ein Kurzprofil, das sie zur Kontaktaufnahme nutzen können. Es ist wichtig, mit wenigen Worten die eigene Qualifikation herausstellen zu können. Überlegen Sie sich daher drei Kernbotschaften, die Ihre beruflichen Stärken deutlich machen. Trainieren Sie, diese Kernbotschaften in ein Gespräch einzubringen. Rufen Sie beispielsweise zu Übungszwecken Bekannte oder Freunde an, damit Sie sich daran gewöhnen, am Telefon überzeugende Selbstauskünfte zu geben. Dieses Kurzprofil sollten Sie auch im direkten persönlichen Kontakt einsetzen – und zwar schon zu Beginn des Gesprächs.

Sympathie aufbauen

Wie Sie gesehen haben, bringt Problemkommunikation keinen Bewerber weiter. Dadurch wird nur schlechte Stimmung erzeugt, was überhaupt nicht Ihr Ziel ist. Benutzen Sie die Vorbereitung von Initiativbewerbungen deshalb nicht als Abrechnung mit dem momentanen Arbeitgeber. Denn zu schnell kochen die Emotionen hoch und verhindern, dass Sie sich im Glanz Ihrer Stärken präsentieren können. Sympathie will erarbeitet werden. Was jedoch nicht heißt, dass Sie sich anbiedern. Aber ein oder zwei Argumente, warum Sie bei gerade diesem Unternehmen anfangen möchten, sollten Sie parat haben. Die besten Argumente aus Unternehmenssicht ergeben sich stets aus der Überschneidung bisheriger beruflicher Tätigkeiten mit denen, die Sie in Ihrer Wunschposition ausüben werden. Hierbei hilft Ihnen das vorab erarbeitete Stellenprofil.

Kontakte vertiefen

Auch wenn Sie bereits Kontaktpersonen in Ihrem Wunschunternehmen kennen, die Sie beispielsweise auf Messen oder Weiterbildungsveranstaltungen getroffen haben, sollten Sie sich vor dem Abschicken Ihrer Bewerbungsunterlagen unbedingt noch einmal per Telefon in Erinnerung rufen. Den Personen, die Sie im Rahmen Ihres Networking kennen gelernt haben, ist Ihr beruflicher Hintergrund meistens nur noch vage in Erinnerung. Sie sollten deshalb die Erinnerung auffrischen und nochmals kurz Interesse für Ihr Profil wecken. Dann werden Sie sicherlich mit Informationen über freie Stellen und die Anforderungen des Unternehmens belohnt werden.

Checkliste zum Aufbau von Kontakten

- ❑ Haben Sie Ihre Initiativbewerbung durch eine persönliche Kontaktaufnahme vorbereitet?
- ❑ Sind Sie auf Fachmessen, Kongressen, Tagungen oder Weiterbildungsveranstaltungen ins Gespräch mit Unternehmensvertretern gekommen?
- ❑ Haben Sie ein Telefongespräch mit Mitarbeitern des Wunschunternehmens geführt?
- ❑ Welche Gesprächsziele wollen Sie erreichen? Möchten Sie einen persönlichen Ansprechpartner im Unternehmen gewinnen? Wollen Sie bestehende Kontakte zu Bewerbungszwecken nutzen? Möchten Sie erfahren, welche Qualifikationen beim Wunschunternehmen in Ihrem Tätigkeitsfeld besonders wichtig sind?
- ❑ Können Sie Ihre Soft Skills bei persönlichen Kontakten geschickt in Szene setzen? Zeigen Sie sich kundenorientiert, indem Sie Ihren Nutzen für das umworbene Unternehmen herausstellen? Wird Ihr Kommunikationsgeschick deutlich, indem Sie Ihren Gesprächspartner zum Reden bringen?
- ❑ Haben Sie sich von der Einstellung „Ich tauche mal so am Messestand auf" oder „Ich rufe einfach mal an" verabschiedet?
- ❑ Haben Sie sich ein Kurzprofil erarbeitet?
- ❑ Können Sie mit Ihrem Kurzprofil aktive Informationsarbeit betreiben?
- ❑ Haben Sie plausible Wechselgründe parat?
- ❑ Sind Sie in der Lage, Überschneidungen zwischen den Anforderungen der Wunschposition und Ihren momentanen Tätigkeiten darzustellen?
- ❑ Können Sie eigene Fragen stellen?
- ❑ Achten Sie darauf, Ihre Kontaktperson mit Namen anzusprechen, damit sich ein persönlicher Draht entwickelt?
- ❑ Haben Sie die vollständigen Kontaktdaten Ihres Ansprechspartners notiert beziehungsweise sich eine Visitenkarte geben lassen?
- ❑ Wissen Sie, in welcher Form Ihre Initiativbewerbung erwünscht ist (Kurzbewerbung, vollständige Bewerbung, E-Mail)?
- ❑ Haben Sie Ihre Initiativbewerbung zügig nach der ersten Kontaktaufnahme auf den Weg gebracht?

Anschreiben: Werbung in eigener Sache

Das Anschreiben ist in der Regel das Schriftstück, mit dem Personalverantwortliche im Unternehmen die Überprüfung der Bewerbungsmappe beginnen. Bereits hier trennt sich bei Initiativbewerbungen die Spreu vom Weizen. Schließlich müssen gerade Initiativbewerberinnen und -bewerber besonders überzeugende Argumente dafür liefern, warum es sich lohnt, sich überhaupt mit ihrem Profil zu beschäftigen.

Die Formulierung des Anschreibens stellt eigentlich alle Bewerber vor große Probleme: Was soll ich schreiben? Was darf ich nicht erwähnen? Wie stelle ich mich überzeugend dar? Die Schwierigkeiten beim Ausarbeiten des Anschreibens führen jedoch leider dazu, dass einige zum Schludern verführt werden. In den Personalabteilungen herrscht Entsetzen darüber, wie achtlos manche Anschreiben verfasst werden. Dabei handelt es sich beim Anschreiben um einen besonders wichtigen Bestandteil der Initiativbewerbung. Aus Sicht von Personalverantwortlichen sollte jede Bewerberin und jeder Bewerber einige Worte über die eigenen Qualifikationen verlieren und die Informationen gut strukturiert in einem Anschreibentext unterbringen können. Dieses Selbstgutachten wird als eine Art erste Arbeitsprobe für das Unternehmen angesehen.

Können Bewerber jedoch mit dem Anschreiben nicht überzeugen, steht die weitere Prüfung der Unterlagen von vornherein unter einem schlechten Stern. Personalprofis sind es gewohnt, sich in kürzester Zeit ein Bild von den Qualifikationen und der Persönlichkeit des Bewerbers zu machen. Springen aber schon beim Überfliegen des Anschreibens Fehler, Widersprüche und Ungereimtheiten ins Auge, sieht es düster aus. Denn beginnt der Leser in der Personalabteilung erst einmal, am Bewerber zu zweifeln, so hat es dieser schwer, diesen ersten Eindruck zu korrigieren. Durchgängig klagen Personalverantwortliche darüber, dass der Informationsgehalt von Initiativanschreiben viel zu gering ist, um Einstellungsentscheidungen voranzutreiben. Vielen Initiativbewerbern ist anscheinend unklar, welche Funktion dem Anschreiben überhaupt zukommt.

Doppelte Arbeit im Initiativanschreiben

Bei Bewerbungen auf eine Stellenanzeige kann sich ein Personalverantwortlicher darauf konzentrieren, Bewerber -und Stellenprofil miteinander zu vergleichen. Bei Initiativbewerbungen stellt sich dieser Aspekt komplizierter dar. Denn hier ist nicht nur die Frage „Ist dieser Bewerber für uns geeignet?“ zu beantworten, sondern auch die Frage „Wo könnten wir den Bewerber überhaupt einsetzen?“. Diese beiden Fragen müssen vom Bewerber im Initiativanschreiben thematisiert werden. Der Leser in der Personalabteilung muss erkennen können, dass sich ein Bewerber sowohl mit seinem Qualifikationsprofil als auch mit möglichen Einsatzgebieten auseinander gesetzt hat.

Auf die Wunschposition zugeschnitten

Statt sich an den Bedürfnissen des Lesers in der Personalabteilung zu orientieren und ein Gutachten über die eigenen Kenntnisse und Fähigkeiten zu erstellen, füllen zu viele Initiativbewerber ihre Anschreiben mit nichtssagenden Floskeln und irrelevanten Angaben. Einige geben zwar detaillierte Informationen über ihre Qualifikation. Diese sind dann aber oft in einem Fachchinesisch verfasst, das nur für Spezialisten aus dem eigenen Arbeitsgebiet verständlich ist. Die fachliche Autorität soll in diesem Fall den Personalverantwortlichen überzeugen; ein Versuch, der misslingen wird, da der Bewerber auf diese Weise nur seine mangelnde Kommunikationsfähigkeit unter Beweis stellt. Ein anderer Fehler, der auch häufig begangen wird, ist der, sich mit möglichst dürren Angaben alle Türen offen halten zu wollen. Dies widerspricht jedoch dem Informationsbedürfnis der Unternehmensseite. Es muss für den Leser zu erkennen sein, wo der Bewerber eingesetzt werden könnte.

Die Röntgenbrille der Personalprofis

Das Anschreiben wird jedoch nicht nur zur ersten Einschätzung der fachlichen Kompetenz herangezogen. Es dient auch dazu, sich ein erstes Bild der Persönlichkeit des Bewerbers zu machen. Personalprofis sind es gewohnt, zwischen den Zeilen zu lesen, und haben ein feines Gespür für widersprüchliche Angaben. Aus der Aufbereitung der Unterlagen werden beispielsweise Rückschlüsse über die Arbeitsweise gezogen. Ist der Bewerber sorgfältig vorgegangen, oder häufen sich formale Fehler (Rechtschreibung, korrekte Anschrift, Lesefreundlichkeit)? Auch mit einer holprigen Ausdrucksweise oder einem überkommenen Sprachstil empfehlen sich Bewerber nicht gerade.

Ein großes Problem – gerade bei Initiativbewerbungen – ist die Darstellung des Wechselgrundes. Aus Sicht der Personalverantwortlichen sind Krisen und Probleme am alten Arbeitsplatz keine guten Argumente für einen Wechsel. Im Gegenteil, wenn Streitigkeiten mit den alten Kollegen, Mobbingvorwürfe an die ehemalige Chefin oder ständige Überforderung im Anschreiben thematisiert werden, weckt der Kandidat Zweifel an seinen Soft Skills. Negative Kommunikation führt nicht zu einem positiven Bewerberbild. Es kommt dann nur die Befürchtung auf, dass man sich mit einer Einstellung einen schwierigen Zeitgenossen ins Unternehmen holen würde. Darauf wird man aber liebend gern verzichten.

So geht es weiter: Der Blick in die Bewerbungspraxis

Lernen Sie aus den Fehlern anderer. Anhand ausgewählter Initiativanschreiben werden wir Ihnen nun im Detail vorstellen, welche Fehler häufig gemacht werden und wie sich diese vermeiden lassen. Beginnen werden wir mit dem Anschreiben einer Jobwechslerin, die sich um eine Stelle als Sekretärin bewirbt. Danach kommentieren wir das Anschreiben eines wechselwilligen Marketing-Spezialisten. Jedes Anschreiben stellen wir in der ursprünglichen, schlecht verfassten Version vor und besprechen die enthaltenen Fehler. Damit Sie sehen, wie es besser geht, zeigen wir Ihnen dann überarbeitete Versionen und begründen, warum diese Anschreiben überzeugen.

Susanne Kist
Kronenstr. 14
79111 Freiburg
Tel. 07 61 / 43 44 56
E-mail: s.kist@industriekomponenten24.de

Handelsgesellschaft GmbH
Personalabteilung
Schwarzwaldblik 111
79112 Freiburg

22. März2004

Bewerbung wofür?

Sehr geehrte Damen und Herren,

eine erfahrene Schreibkraft und Sekretärin möchte sich Ihnen vorstellen. Ich hoffe, dass Sie Einsatzmöglichkeiten für mich in Ihrem Unternehmen sehen.

Mein Erfahrungschatz: Langjährigen Erfahrungen im Bürobereich sprechen eigentlich für sich. Meine bisherigen Vorgesetzten waren immer sehr zufrieden mit mir. Selbstverständlich weiß ich auch, wie wichtig die aktuellen Anforderungen an Mitarbeiter sind. Daher verfüge ich selbstverständlich über hohe Teamfähigkeit und kann auch gut analytisch denken. keine Belege für diese Aussagen!

Einige Worte zu meiner beruflichen Entwicklung: Nach einem Realschulabschluß habe ich mich nach intensiven Gesprächen mit einem Berufsberater dafür entschieden, eine Ausbildung zu wählen, in der meine Stärken zum Tragen kommen. Auch heute noch macht mir mein Beruf im großen und ganzen Spaß. ?

Was ich mir wünsche: Nette Kollegen und eine offene und ehrliche Art des Umgangs miteinander. Das ist bei meinem jetzigen Arbeitgeber nämlich nicht mehr der Fall, seit ein neuer Abteilungsleiter eingestellt worden ist. Ich kann sicherlich mehr leisten, als es mir momentan möglich ist. Am liebsten bei Inen. ?

Nein danke!

schwierige Bewerberin!

Mit freundlichen Grüßen

Susanne Kist

Absage!

Fehler „08/15-Bewerbung"

Initiativbewerbungen mit Anschreiben wie diesen landen täglich auf den Schreibtischen von Personalverantwortlichen. Auf den ersten Blick ist hier zu erkennen, dass die Bewerbung ohne wirklichen Einsatz einfach „heruntergeschrieben" ist. Sowohl die fehlende persönliche Anrede als auch der Betreff *Bewerbung* spricht leider gleich gegen Frau Kist. Um welche Bewerbung und um welche Stelle geht es? Hier hätte der Aufhänger *Initiativbewerbung als Sekretärin* von Anfang an für mehr Klarheit gesorgt. Eine Bewerberin aus dem Sekretariat müsste zudem wissen, dass eine aussagekräftige Betreffzeile zu den Grundanforderungen im professionellen Schriftverkehr gehört.

Fehler „Flüchtigkeitsfehler"

Natürlich wird das Anschreiben von Frau Kist als erste Arbeitsprobe gewertet werden. Daher ist es sehr problematisch, dass sich in ihrem Schreiben Flüchtigkeitsfehler finden lassen. So hat sie in der Datumsangabe ein Leerzeichen vergessen. Schwerer noch wiegt, dass sie in der Firmenanschrift einen Bock geschossen hat. Dort fehlt das „c" in *Schwarzwaldblik*. Fehler in der Anschrift führen sofort zu einer schlechten Grundstimmung bei der Prüfung von Anschreiben. Personalverantwortliche erwarten, dass die Bewerber wenigstens die Formalien des Anschreibens im Griff haben – natürlich erst recht im Bereich Sekretariat. So schlecht wie das Anschreiben anfängt, hört es auch auf. Der letzte Satz *Am liebsten bei Inen* enthält wieder einen Rechtschreibfehler.

Fehler „Fehlende Argumente"

Echte Argumente, die für eine Einstellung sprechen, fehlen im Anschreiben von Frau Kist. Sie geht wohl davon aus, dass ihre *langjährigen Erfahrungen im Bürobereich* ausreichend sind. Über welche Erfahrungen sie verfügt, erwähnt sie allerdings nicht. Dabei ist es ein offenes Geheimnis, dass gerade die Tätigkeiten im Sekretariat sich sehr stark voneinander unterscheiden können. Hier reicht die Spanne von reinen Schreibtätigkeiten bis hin zu anspruchsvollen Assistenzaufgaben.

Fehler „Zweifel an den Soft Skills"

Mit ihren Tippfehlern hat Frau Kist schon Zweifel an ihrer Sorgfalt und Konzentrationsfähigkeit geweckt. Es geht aber noch weiter. Sie erwähnt, dass ihr die Arbeitsatmosphäre bei ihrem momentanen Arbeitgeber nicht mehr gefällt, weil *ein neuer Abteilungsleiter eingestellt worden ist*. Die Frage, die sich einem Personalverantwortlichen dadurch zwangsläufig aufdrängt, ist: „Warum tut sie nicht selbst etwas für die Gestaltung der Arbeitsatmosphäre?" Vielleicht ist Frau Kist ja eine Bewerberin, die nur dann zuverlässig arbeiten kann, wenn alles im ewig gleichen Trott abläuft. Solch eine unflexible Mitarbeiterin möchte man aber nicht im eigenen Unternehmen haben.

Fazit

Dieses Anschreiben einer Initiativbewerbung wurde offensichtlich mit der heißen Nadel gestrickt. Auf eine nähere Beschäftigung mit den weiteren Unterlagen wird sich kein Personalverantwortlicher einlassen. Absage und Unterlagen zurück!

Susanne Kist, Kronenstr. 14, 79111 Freiburg
Tel. 07 61 / 43 44 56, E-mail: s.kist@gmx.de

Handelsgesellschaft mbH
Personalabteilung
Frau Rysi
Schwarzwaldblick 111

79112 Freiburg

Freiburg, 22. März 2004

Initiativbewerbung als Sekretärin
Unser Telefonat von heute — ich erinnere mich, netter Kontakt!

Sehr geehrte Frau Rysi,

ich freue mich, dass Sie grundsätzlich Einstellungsbedarf im Sekretariat haben. Hier sind die näheren Angaben zu meiner bisherigen Berufserfahrung. Neben den im Tagesgeschäft anfallenden Sekretariatsaufgaben übernehme ich bei meinem jetzigen Arbeitgeber auch Aufgaben in der Projektkoordination und -abrechnung.

Tätigkeiten werden deutlich ✓

Als Abteilungssekretärin bin ich mit den folgenden Aufgaben betraut: Ich übernehme die Terminkoordination, die allgemeine Büroorganisation, die Korrespondenz und die Reiseorganisation und -planung. Abteilungssitzungen werden von mir vorbereitet. Daneben übernehme ich auch die Organisation abteilungsübergreifender Projektsitzungen.

Meine berufliche Entwicklung habe ich mit einer erfolgreich abgeschlossenen Ausbildung zur Rechtsanwalts- und Notargehilfin begonnen. Das MS-Office-Paket beherrsche ich sicher. Für meinen Vorgesetzten erstelle ich auch Vortragsfolien mittels PowerPoint. In das Programm MS-Project habe ich mich ebenfalls eingearbeitet.

Gerne würde ich mich Ihnen in einem persönlichen Gespräch vorstellen.

Mit freundlichen Grüßen

Susanne Kist

Anlagen

leistungsstarke Bewerberin,
guter Auftritt,
bitte Termin vereinbaren!

Überzeugend „Telefonkontakt vorab“

Endlich einmal ein Initiativanschreiben, das nicht einfach ins Blaue hinein geschrieben ist. Frau Kist hat sich mit ihrem Profil bei ihrem Wunschunternehmen mithilfe eines vorab geführten Telefonats ins Gespräch gebracht. Ein wichtiger Aufhänger für das Anschreiben ist der persönliche Kontakt zu *Frau Rysi*. So versandet die Initiativbewerbung nicht irgendwo im Unternehmen, sondern landet direkt auf dem Schreibtisch der zuständigen Personalreferentin. Viele wertvolle Informationen aus diesem Vorabkontakt fließen nun ins Anschreiben ein. Da Frau Kist im Telefonat erfahren hat, dass die Handelsgesellschaft mbH auf *MS-Project-Kenntnisse* Wert legt, stellt sie diese nun auch im Anschreiben klar heraus.

Überzeugend „Die neue Stelle im Blick“

Frau Kist kann auf ein breites Spektrum an Erfahrungen zurückgreifen. Diesmal macht sie auch ganz klar deutlich, wo ihre Stärken liegen. Sie verliert sich nicht mehr in Allgemeinplätzen, sondern liefert konkrete Einstellungsargumente. Durch das vorbereitende Telefonat kann sie nun besonders diejenigen Erfahrungen herausheben, die auch in der anvisierten Stelle zum Tragen kommen. Dies ist insbesondere die *Projektkoordination und -abrechnung*. Natürlich macht Frau Kist auch deutlich, dass sie das Tagesgeschäft im Sekretariat sicher im Griff hat. Sie ist auch jetzt schon zuständig für *die Terminkoordination, die allgemeine Büroorganisation, die Korrespondenz und die Reiseorganisation und -planung*. Vor den Augen der Personalverantwortlichen entsteht ein plastisches Bild des Erfahrungsschatzes von Frau Kist.

Überzeugend „Soft Skills plausibel gemacht“

Das aussagekräftig gehaltene Anschreiben von Frau Kist lässt auch auf ihre Soft Skills schließen: Da sie beim momentanen Arbeitgeber auch Aufgaben in der *Projektkoordination und -abrechnung* übernimmt, kann vermutet werden, dass sie sich auch bei anspruchsvollen Aufgaben bewährt. Die Vorbereitung von *Abteilungssitzungen* und *Projektsitzungen* stellt das Organisationstalent von Frau Kist unter Beweis. Präsentationsgeschick bringt Frau Kist ebenfalls mit. Ihr Vorgesetzter überlässt ihr die Erstellung von *Vortragsfolien mittels PowerPoint* – sicherlich nicht ohne Grund. Ganz ersichtlich bringt die Bewerberin die für eine Tätigkeit im Sekretariat wichtigen Soft Skills mit.

Fazit

Anschreiben zu Initiativbewerbungen wie dieses bekommen Personalverantwortliche selten zu sehen. Es besticht mit seiner Passgenauigkeit, denn die momentanen Aufgaben sind ebenso klar erkennbar wie die berufliche Ausrichtung. Eine engagierte Bewerberin, die man gerne im Vorstellungsgespräch näher kennen lernen möchte.

Frank Reger
Prinzessinnenallee 22
22203 Hamburg
Tel. 040 – 55 67 87, privat
Tel. 040 - 330 - 12 34, Büro

IT-Networx GmbH
Personalbüro
To whom it may concern ?
Speicherstadtring 412

21212 Hamburg

Hamburg, 21.04.2004

? **Betr.: Die Lösung Ihrer Marketingprobleme**
Bez.: Branchengerüchte

Sehr geehrte Entscheider im Unternehmen,

ich bedauere, dass Sie momentan negativ in der Öffentlichkeit dargestellt werden. Dafür gibt es aber eine Lösung: Mich! *ich und du, Müllers Kuh …*

Von einem Bekannten habe ich erfahren, dass Sie dringend kompetente Marketingfachleute benötigen. Die Gelegenheit, mich Ihnen vorzustellen, lasse ich mir natürlich nicht entgehen. Meine Erfolge im weiten Feld des Marketing sind unbestreitbar. Mit der mir eigenen Power habe ich konsequent meine berufliche Entwicklung durchgezogen. Besonders interessiert bin ich auch an PR-Aufgaben. Es würde mich sehr reizen, Ihnen zu einem besseren Standing in der Öffentlichkeit zu verhelfen.

Sprücheklopfer

Rufen Sie mich ruhig jederzeit an; über das Gehalt werden wir uns bestimmt einig.

Mit freundlichen Grüßen

Frank Reger *hat's wohl nötig*

unbedingt zurück!

Fehler „Voll daneben“

Die Strategie, aktuelle Meldungen über Unternehmen in der Tagespresse oder Fachzeitschriften zum Aufhänger für eine Initiativbewerbung zu nehmen, führt bei Herrn Reger direkt ins Abseits. Durch seinen ersten Satz *ich bedauere, dass Sie momentan negativ in der Öffentlichkeit dargestellt werden,* hat sich dieser Kandidat eigentlich schon disqualifiziert. Er setzt aber noch nach, in maßloser Selbstüberschätzung halte er sich selbst für die einzig sinnvolle Lösung der Imageprobleme des umworbenen Unternehmens. Damit provoziert er jedoch eine Abwehrhaltung beim Leser seines Anschreibens, die er – selbst wenn er wollte – nicht mehr auflösen kann.

Fehler „Sprücheklopferei“

Dieser Initiativbewerber versucht, das Ausarbeiten eines aussagekräftigen Profils durch markige Sprüche zu umgehen. Er verwechselt hierbei jedoch ergebnisorientiertes Arbeiten im Marketing mit dumpfer Selbstanpreisung. Schon die Adressierung seines Anschreibens mit *To whom it may concern* wirkt fehl am Platz. Statt einer Vorabrecherche, wer ein möglicher Ansprechpartner für die Initiativbewerbung sein könnte, flüchtet er sich in einen hier völlig deplatzierten Anglizismus. Auch die Betreffzeile, in der *die Lösung Ihrer Marketingprobleme* versprochen wird, wirkt abschreckend. Kaum hat sich der Leser von diesem Schock knapp erholt, werden ihm in der Bezugzeile vermeintliche *Branchengerüchte* an den Kopf geworfen. Der Widerspruch zwischen dieser Marktschreierei und der Benutzung solch veralteter Kürzel *Betr.* und *Bez.* lässt eine innere Zerrissenheit des Bewerbers vermuten. Man wird den Eindruck nicht los, dass die Sprücheklopferei des Bewerbers aufgesetzt ist und von ihm nicht in Handlungskompetenz umgesetzt werden kann.

Fehler „Kein Profil zu sehen“

Die Behauptung *Meine Erfolge im weiten Feld des Marketing sind unbestreitbar* ist ohne Belege wertlos. An keiner Stelle geht Herr Reger auf die einzelnen Tätigkeitsbereiche im Marketing ein, die er bereits betreut hat. Ganz zu schweigen davon, dass er den Marketingbereich näher eingrenzt, in dem er beim angeschriebenen Unternehmen zukünftig tätig sein möchte. Die Aussage *Besonders interessiert bin ich auch an PR-Aufgaben* übersetzt dagegen jeder Personalprofi mit: „Ich würde ja gerne PR machen, weiß aber nicht wie!“

Fehler „Gekündigt?“

Am Ende seines Initiativanschreibens verwendet Frank Reger die Formulierung *Rufen Sie mich jederzeit an; über das Gehalt werden wir uns bestimmt einig.* Falls der Leser überhaupt noch bis hierhin gekommen ist, wird er jetzt vermuten müssen, dass dem Bewerber gekündigt worden ist. Wer berufliche Aufgaben zu lösen hat, dürfte nicht *jederzeit* erreichbar sein. Und wer über gefragte Qualifikationen verfügt, wird sich nicht zu jedem Preis verkaufen.

Fazit

Es gibt keine zweite Chance für den ersten Eindruck. Mit diesem Anschreiben hinterlässt der Bewerber einen so schlechten Eindruck, dass ihm der Weg ins Unternehmen für immer und ewig verbaut sein wird. Absage.

Frank Reger
Prinzessinnenallee 22
22203 Hamburg

E-mail: Frank.Reger@t-online.de
Tel. 040 - 55 67 87
mobil: 0170 - 767 67 67

IT-Networx GmbH
Human Resources Management
Peter Backhaus
Speicherstadtring 412

21212 Hamburg

Hamburg, 21.04.2004

Initiativbewerbung als Marketing-Spezialist ✓
Unser Telefongespräch vom 19.04.2004 ✓

Sehr geehrter Herr Backhaus, ✓

vielen Dank für das informative Telefongespräch. Wie vereinbart sind hier die näheren Informationen zu meinem beruflichen Profil.

Ich verfüge über mehrjährige Berufserfahrung in den Bereichen Channel-Marketing, Unternehmenskommunikation und PR. Gute Kontakte zu Medienvertretern bringe ich ebenso mit wie umfassende Erfahrungen in der Organisation von Messen und Produktpräsentationen.

führungserfahren!

Momentan leite ich als Marketing-Consultant ein Team von vier Mitarbeitern. Zu meinen Aufgaben gehört die optimale Steuerung der gesamten Marketingaktivitäten. Ich erstelle Marketingpläne, verwalte die entsprechenden Budgets und führe Reichweiten- und Zielerreichungsanalysen durch. Um die Corporate Identity intern besser zu verankern, habe ich eine umfassende Informationsinfrastruktur im Unternehmen etabliert.

passgenau

ja!

Die Bereiche Anzeigenschaltung, Pressebetreuung, Veranstaltungsorganisation und Verkaufsförderung habe ich als Marketingreferent bereits vor meiner aktuellen Position betreut. Sehr gute Englisch- und Spanischkenntnisse bringe ich ebenso mit wie profunde Kenntnisse der europäischen Märkte.

Für ein persönliches Gespräch stehe ich Ihnen gerne zur Verfügung.

Mit freundlichen Grüßen

Frank Reger

Bitte einladen!

– will ich persönlich kennen lernen!

Anlagen

Überzeugend
„Aufbereitung“

Das Anschreiben ist von Herrn Reger gut überarbeitet worden. Die Kontaktdaten sind nun komplett, weshalb eine schnelle Kontaktaufnahme sowohl über Telefon oder Handy als auch über eine private E-Mail-Adresse möglich gemacht wird. Besonders positiv fällt auch auf, dass Herr Reger sein Anschreiben diesmal richtig adressiert hat. Es ist an die zuständige Abteilung, das *Human Resources Management,* gerichtet. Auch ein persönlicher Ansprechpartner wird diesmal aufgeführt. Betreff- und Bezugzeile erlauben zudem eine schnelle Orientierung. Der Leser in der Personalabteilung weiß sofort, worum es geht.

Überzeugend
„Profilklärung am Telefon“

Herr Reger hat zur Vorbereitung seiner Initiativbewerbung zum Telefonhörer gegriffen und vorab geklärt, ob sein Profil grundsätzlich interessant ist. Die Punkte, auf die der Personalverantwortliche Backhaus im Gespräch positiv reagiert hat, stellt er gleich zu Anfang seines Anschreibens heraus. Er betont, dass er im *Channel-Marketing,* in der *Unternehmenskommunikation* und im Bereich *PR* über umfangreiche Berufserfahrung verfügt. Auch die Aufgaben, die Herr Reger im Tagesgeschäft bewältigt, bleiben diesmal nicht im Dunkeln. Frank Reger *erstellt Marketingpläne, verwaltet Budgets und führt Reichweiten- und Zielerreichungsanalysen durch.*

Überzeugend
„Führungs-erfahrung“

Herr Reger macht auch auf seine Führungskompetenz aufmerksam, indem er die Zahl der ihm zugeordneten Mitarbeiter erwähnt. Der Personalreferent kann daraus ersehen, dass der Bewerber auch zukünftig Führungsverantwortung anstrebt und sich nicht als reiner Fachspezialist für Marketingfragen versteht.

Überzeugend
„Doppelte Qualifikation“

Herr Reger betreut bei seinem momentanen Arbeitgeber einen sehr umfassenden Arbeitsbereich. Auch wenn seine Stellenbezeichnung *Marketing-Consultant* schon nahe legt, dass er vielfältige Aspekte der Kunden- und Geschäftsbeziehungen mitgestaltet, beschränkt er sich nicht auf die bloße Nennung seines Titels. Er stellt klar heraus, dass er neben dem Marketing auch im PR-Bereich zu Hause ist. Ein erfahrener Bewerber, der sich durch die Zusatzaufgaben *Pressebetreuung, Veranstaltungsorganisation* und *Unternehmenskommunikation* als doppelt qualifizierter Mitarbeiter empfiehlt.

Fazit

Personalverantwortliche werden erfreut über dieses Anschreiben sein. Dieser Bewerber ist auf dem Weg zum Wunschkandidaten. Er weiß, was ihn erwartet, und stellt die richtigen Qualifikationen heraus. Seine aktive Mitarbeit am Abgleich von Bewerber- und Stellenprofil wird sich für Herrn Reger auszahlen. Setzt sich die Qualität des Anschreibens in den weiteren Unterlagen fort, ist ihm eine Einladung zum Vorstellungsgespräch sicher.

Tipps für gelungene Anschreiben

Grundsätzlich müssen Sie zwischen formalen und inhaltlichen Fehlern unterscheiden. Manche Bewerber scheitern daran, dass ihre mangelnde Sorgfalt schon nach einem flüchtigen Überfliegen des Anschreibens zu erkennen ist. Fehlt beispielsweise ein persönlicher Ansprechpartner, ist die Rechtsform des Unternehmens falsch aufgeführt oder häufen sich Rechtschreibfehler, so ist dies keine Empfehlung. Andere Kandidaten schießen sich durch inhaltliche Patzer aus dem Rennen. Erweckt das Anschreiben den Eindruck eines Rundschreibens oder wird es als Abrechnung mit dem momentanen Arbeitgeber missbraucht, werden Personalverantwortliche keine Einladung zum Vorstellungsgespräch versenden. Damit Sie in beiden Bereichen punkten – also sowohl auf der formalen als auch auf der inhaltlichen Ebene –, stellen wir Ihnen nun die wichtigsten Regeln für optimale Anschreiben vor.

So vermeiden Sie formale Fehler

Bewerber, die im Anschreiben Fehler an Fehler reihen, verspielen die Chance auf eine wohlwollende Prüfung. Achten Sie deshalb darauf, dass die Firmenanschrift korrekt angegeben ist. Auch die Rechtsform und die Abteilung, die sich mit der Prüfung Ihrer Unterlagen befasst, müssen richtig angegeben werden. Schreiben Sie also nicht *Rudolf Müller Industrie GmbH, Personalabteilung,* wenn Sie Ihre Bewerbung an die *Rudolf Müller Industrie AG, Abteilung Personal* richten sollten. Ein trauriger Dauerbrenner ist der falsch geschriebene Name des vorab ermittelten Personalverantwortlichen. Insbesondere bei schwierigen Nachnamen wie *Kravczyk, Heintze-Beaulieu* oder *Püttjer* schleicht sich der Fehlerteufel leicht ein, aber auch eine *Frau Keller* wird nicht erfreut sein, wenn sie als *Frau Keiler* angeschrieben wird. Beim Eigennamen sollten Sie prinzipiell immer Vorsicht walten lassen – auch bei Personalverantwortlichen. Erkundigen Sie sich im Zweifelsfall lieber noch einmal in der Telefonzentrale der Firma, und lassen Sie sich den Namen buchstabieren.

Wohin mit dem Absender?

Ihren Absender können Sie konventionell als Block über der Firmenanschrift angeben, als Kopfzeile aufführen oder auch rechtsbündig neben die Firmenanschrift stellen. Mit den letzten beiden Varianten verschaffen Sie sich außerdem mehr Platz für den eigentlichen Anschreibentext. Ihre Telefonnummer und eine private (!) E-Mail-Adresse dürfen nicht fehlen. Verwenden Sie keinesfalls Ihre Durchwahl am Arbeitsplatz oder Ihre Firmen-E-Mail-Adresse. Ihre Wechselabsichten sollten am momentanen Arbeitsplatz doch wohl nicht zu früh bekannt werden. Denken Sie daran: Schlafende Hunde weckt man nicht.

Das gehört in die Betreff- und Bezugzeile

Überkommene Kürzel wie *Betr., Bez.* oder *z. Hd.* gehören nicht in heutige Anschreiben. Natürlich sollten Sie eine Betreffzeile genauso wie eine Bezugzeile aufführen. Verzichten Sie dabei aber auf die vorangestellten Kürzel. Schreiben Sie in die Betreffzeile nicht bloß *Bewerbung*. Zeigen Sie den Entscheidern im Unternehmen, dass Sie mitdenken und sich vor Ihrer Initiativbewerbung Gedanken über mögliche Einsatzgebiete gemacht haben. Besser wäre daher die Angabe *Initiativbewerbung als Sachbearbeiter Export* oder *Initiativbewerbung als Marketingreferentin.* Auf diese Weise machen Sie auch klar, dass Sie Ihr Anschreiben passgenau aufbereitet haben und nicht zu den ungeliebten Vielbewerbern gehören, die immergleiche Bewerbungsrundschreiben in alle Winde verstreuen.

Auch am Ende überzeugend

Anschreiben, die mit formalen Fehlern beginnen und dann noch mit der altertümlichen Schlussformel *Mit freundlichem Gruß* enden, lassen vermuten, dass der Verfasser nicht gerade auf der Höhe der Zeit ist. Verwenden Sie die übliche Abschlussformel *Mit freundlichen Grüßen,* und kürzen Sie sie keinesfalls als *MfG* ab. Unterschreiben Sie Ihr Anschreiben am besten mit einem Füller. Auf die detaillierte Auflistung der mitgesandten Anlagen können Sie im Anschreiben verzichten. Dies kostet nur wertvollen Platz. Es genügt der Hinweis *Anlagen* unterhalb der Unterschrift.

Gliedern Sie Ihre Argumente

Ihr Anschreiben muss lesefreundlich verfasst sein, deshalb sollten Sie den Text in mehrere Absätze untergliedern. Üblicherweise werden Anschreiben im Block- oder im linksbündigen Flattersatz erstellt. Achten Sie hier auch auf die Silbentrennung, damit nicht zu große Lücken im Text den Lesefluss behindern. Die von Ihnen verwendete Schriftgröße sollte nicht zu klein sein. Bewährt hat sich eine Schriftgröße um die 12 Punkte. Um dem Leser im Unternehmen zu verdeutlichen, dass Sie extra für seine Firma eine Bewerbungsmappe erstellt haben, sollten Sie darauf achten, dass Sie für Anschreiben und Lebenslauf die gleiche Papiersorte verwenden – natürlich ein Schreibmaschinenpapier guter Qualität.

Passgenau und individuell

Viele Anschreiben, die wir in unserer Beratungspraxis überprüfen, scheinen ohne Vorarbeit verfasst worden zu sein. Vieles wird thematisiert, ohne dass es für die Wunschposition von Belang ist. Es fällt den meisten Bewerbern schwer, den Blick in die berufliche Zukunft zu richten und auf die Wünsche des neuen Arbeitgebers einzugehen. Ein Anschreiben erzielt dann die größte Wirkung, wenn möglichst viele Berührungspunkte zwischen bisherigen und kommenden Aufgaben herausgestellt werden. Deshalb ist gerade bei einer Initiativbewerbung die Vorabrecherche so wichtig. Finden Sie die Anforderungen der anvisierten Position, des Unternehmens und der Branche heraus. Damit erleichtern Sie den Personalverantwortlichen den Abgleich Ihres Qualifikationsprofils mit dem Stellenprofil. Argumentieren Sie soweit wie möglich von der anvisierten Stelle her. Liefern Sie Beispiele dafür, wie Sie konkrete Aufgaben in der Vergangenheit bewältigt haben. Machen Sie nachvollziehbar, dass Sie mit Ihrer Wunschposition nicht überfordert sind, sondern sie kompetent ausfüllen können.

Beispiele sind wichtig

Oft sind Anschreiben viel zu abstrakt gehalten. Bewerber scheinen das Bedürfnis zu haben, möglichst wenig über sich und ihre individuellen Fähigkeiten mitzuteilen. Floskeln, abstrakte Formulierungen und Nullaussagen reihen sich aneinander und machen es Personalverantwortlichen schwer, die Eignung des Bewerbers zu erkennen. Machen Sie es besser, geben Sie in Ihrem Anschreiben stets auch Beispiele dafür an, wie Sie Aufgabenstellungen bisher gelöst haben. Verweisen Sie auf *Verkaufserfahrung, erfolgreiche Produktionssteigerung, Qualitätsverbesserungen* oder *Umsatzsteigerungen,* und benennen Sie konkret Ihren Tätigkeitsbereich.

Soft Skills umschreiben

Besonders die gefragten Soft Skills, wie Teamfähigkeit, Organisationstalent, Kontaktstärke, kommunikatives Geschick oder Belastbarkeit, lassen sich nur anhand von Beispielen plausibel darstellen. Behauptungen im Stile von *Ich bin mobil, hoch motiviert, belastbar und ein Organisationstalent* haben für Personalverantwortliche keine Aussagekraft. Lassen Sie Ihre persönlichen Fähigkeiten durch die bewältigten Aufgaben durchschimmern. Die obige Behauptung ließe sich zum Beispiel aus folgender Beschreibung herauslesen: *Ich habe überregionale Serviceeinsätze durchgeführt und war dafür zuständig, den reibungslosen Betrieb der von uns gelieferten Anlagen beim Kunden sicherzustellen.* Hieraus wird jeder Personalverantwortliche die vorher nur behaupteten Soft Skills erkennen. Auch Sie sollten in Ihrem Anschreiben Soft Skills anhand von beruflichen Aufgaben darstellen. Überlegen Sie sich, welche Beispiele für Ihren neuen Arbeitgeber interessant sein könnten.

Beschreiben, nicht bewerten

Die Frage „Wie schaffe ich es, mich weder unter Wert zu verkaufen, noch mich übertrieben anzupreisen?", beschäftigt selbstverständlich alle Bewerber. Dieser Spagat zwischen Graue Maus-Image und Überheblichkeit ist einer der sensibelsten Aspekte im Anschreiben. Am besten ist es, Sie verzichten ganz auf Eigenbewertungen. Sätze wie *Ich bin mir sicher, Ihren Anforderungen zu entsprechen* oder *Die Stelle ist wie geschaffen für mich* schaden Ihnen mehr, als sie Ihnen nützen. Personalverantwortliche reagieren ungehalten, wenn Bewerber ihnen Vorschriften hinsichtlich der Stellenbesetzung machen möchten. Ebenso sollten Sie natürlich vermeiden, sich selbst anzuklagen. In diese Kategorie fallen Formulierungen wie *Meine Kenntnisse sind nur grundlegender Natur, mit Ihrer Hilfe werde ich sie aber sicherlich ausbauen können.*

Die goldene Regel der Bewerbungskommunikation lautet „Beschreiben, aber nicht bewerten". Dies gelingt Ihnen, indem Sie neutrale Ausdrücke verwenden, wie *Ich habe ... gemacht, Ich war verantwortlich für ..., Zu meinem Arbeitsbereich gehört..., Erfahrung im Bereich ... bringe ich mit.* Der Vorteil beschreibender Behauptungen liegt darin, dass Sie den Leser nicht in eine Konfrontationshaltung hineintreiben. Sie regen ihn nicht unnötig zum Widerspruch an, und er kann sich unbelastet ein (positives) Urteil über Sie bilden.

Checkliste für Ihr Anschreiben

- ❑ Haben Sie eine private Telefonnummer und E-Mail-Adresse angegeben?
- ❑ Stimmt die Firmenanschrift?
- ❑ Sind Erstellungsort und Tagesdatum aufgeführt?
- ❑ Haben Sie in der Betreffzeile die Position aufgeführt, für die Sie sich bewerben?
- ❑ Verweisen Sie in der Bezugzeile auf ein vorab geführtes Telefonat oder einen persönlichen Kontakt (Messe, Tagung, Weiterbildung)?
- ❑ Haben Sie auf die überkommenen Kürzel „Betr." und „Bez." verzichtet?
- ❑ Richtet sich Ihr Anschreiben an einen persönlichen Ansprechpartner? Und haben Sie seinen Namen richtig geschrieben?
- ❑ Ist das Anschreiben lesefreundlich aufbereitet (Absätze, Schriftgröße, Schrifttyp, Seitenrand)?
- ❑ Haben Sie eine Endkontrolle durchgeführt, besser durchführen lassen?
- ❑ Ist Ihr Anschreiben unterschrieben?
- ❑ Sind Sie auf die Anforderungen der neuen Position eingegangen?
- ❑ Haben Sie Ihre Erfahrungen in Gutachtenform beschrieben und auf unnötige Bewertungen verzichtet?
- ❑ Ist Ihr Anschreiben frei von Problemschilderungen, Thematisierungen persönlicher Krisen oder Vorwürfen an den jetzigen Arbeitgeber?
- ❑ Ist der von Ihnen angegebene Wechselgrund plausibel (sonst lieber darauf verzichten)?
- ❑ Gibt es Beispiele für Ihre erfolgreiche Arbeit?
- ❑ Ist Ihr Anschreiben auch für Laien (Personalverantwortliche) verständlich?
- ❑ Haben Sie Ihre Soft Skills mit aussagekräftigen Praxisbeispielen umschrieben?
- ❑ Erleichtert Ihr Anschreiben dem Personalverantwortlichen die Entscheidung, in welchem Arbeitsgebiet Sie optimal einzusetzen wären?
- ❑ Finden Sie sich selbst in Ihrem Anschreiben wieder?

Bewerbungsfoto: Der erste Eindruck zählt

Aus unseren eigenen Erfahrungen in der Überprüfung und Optimierung von Bewerbungsunterlagen wissen wir, dass es mit dem Bewerbungsfoto häufig nicht zum Besten bestellt ist. Damit keine Missverständnisse aufkommen: Sie werden nicht eingestellt, nur weil Sie auf dem Foto überzeugend lächeln und richtig angezogen sind. Wichtig ist jedoch, dass Sie mit dem Bewerbungsfoto keine Fehler machen und beim Betrachter einen positiven Eindruck hinterlassen. Schließlich geht es bei einer Initiativbewerbung darum, besondere Aufmerksamkeit für die eigene Qualifikation und Person zu erzielen. Es genügt also nicht, ein mittelmäßiges Foto abzuliefern. Sie müssen auch mit Ihrem Bewerbungsfoto die Höchstpunktzahl erreichen.

Machen Sie sich klar, dass Sie mit dem Bewerbungsfoto einen ersten persönlichen Eindruck von sich liefern. Dieses Foto soll zeigen, wie Sie Ihre zukünftige Position sehen und wie Sie das Unternehmen nach außen darstellen wollen. Der Macht des ersten Eindrucks können sich auch Personalverantwortliche nicht entziehen. Sammeln Sie deshalb mit einem optimalen Bewerbungsfoto Sympathiepunkte.

Personalprofis sind darauf spezialisiert, einzelne Detailinformationen aus der Bewerbungsmappe so zusammenzufügen, dass ein positiver oder negativer Gesamteindruck des Bewerbers entsteht. Hierbei spielt das Bewerbungsfoto eine wichtige Rolle. Ist das Foto beispielsweise abgegriffen oder zerknickt, entstehen Spekulationen darüber, von wie vielen Unternehmen der Bewerber bereits abgelehnt worden ist. Auch auf eingescannte und direkt auf den Lebenslauf gedruckte Fotos sollten Sie als Um- oder Aufsteiger verzichten. Berufseinsteigern wird vielleicht noch nachgesehen, dass sie Kosten sparen möchten. Aber als Initiativbewerber oder -bewerberin mit Berufserfahrung sollten Sie nicht den Eindruck entstehen lassen, dass sie ihre Bewerbung als kostengünstige Massendrucksache abwickeln möchten.

Damit Sie erkennen, was alles schief gehen kann und wie gute Fotos aussehen sollten, werden wir nun sechs Bewerbungsfotos besprechen. Bei jedem Bewerber beziehungsweise jeder Bewerberin ist eine Aufnahme unpassend, während die andere zeigt, welchen Ansprüchen ein gutes Bewerbungsfoto genügen sollte.

Von der gramgebeugten Mitarbeiterin zur Anlageberaterin mit Ausstrahlung

Auf diesem Bewerbungsfoto sehen Sie Frau Radtke, deren Lebenslauf Sie schon aus dem Kapitel *Lebenslauf: Passgenau und aussagekräftig* kennen. Sie arbeitet als Anlageberaterin und möchte den Arbeitgeber wechseln. Schaut man sich das Foto an, glaubt man den Grund zu kennen: Drückend lastet das Gewicht ihrer momentanen Aufgaben auf ihren Schultern, kraftlos hängt der Kopf zur Seite, und nur mühsam schafft es Frau Radtke, den Blick zum Betrachter zu wenden. Sie wirkt wie am Ende ihrer Leistungsfähigkeit. Der dunkle Hintergrund trägt ebenfalls dazu bei, dass mit dem Bewerbungsfoto eine düstere Grundstimmung transportiert wird. Der Fotograf hätte außerdem unbedingt darauf achten müssen, dass Frau Radtke während der Aufnahme mehr Körperspannung aufbaut. Durch den schlecht gewählten Bildausschnitt wirkt zudem der Kopf viel zu klein. Man wird den Eindruck nicht los, dass die Bewerberin mit ihrem Latein am Ende ist.

Der erste Eindruck von Frau Radtke lässt sich auch positiver ins Bild setzen. Diesmal blickt sie den Betrachter offen an und baut mit einem zarten Lächeln Sympathie auf. Man sieht auch am Bildhintergrund, dass sich der Fotograf viel mehr Mühe gegeben hat: Durch den aufsteigenden Lichtstrahl wird Dynamik vermittelt, und auch die Ausleuchtung ist sehr gut gelungen. Plastisch tritt die Bewerberin in den Vordergrund, statt mit dem Hintergrund zu verschmelzen. Das dunkle Jackett und die helle Bluse sind als Business-Kleidung einer seriösen Anlageberaterin angemessen. Diesmal dominiert der Oberkörper aber nicht mehr das Bild. Im Mittelpunkt steht das Porträt der Bewerberin, was nicht zuletzt auch ein Verdienst des geschickt gewählten Querformates ist. Insgesamt nimmt der Betrachter eine sehr sympathische und offene Ausstrahlung wahr – eine Bewerberin, die man kennen lernen möchte.

Vom griesgrämigen Kundenschreck zum tätkräftigen Vertriebsassistenten

Ein Vertriebsassistent, der sich so mürrisch präsentiert wie Herr Lotz mit seinem Bewerbungsfoto, scheint den falschen Beruf gewählt zu haben. Auch wenn er im Innendienst tätig ist (siehe Initiativbewerbung 2), darf man doch erwarten, dass er ein gewisses Maß an Kontaktfreude mitbringt. Hinsichtlich der Teamfähigkeit von Herrn Lotz verheißt dieses Foto nichts Gutes. Mit einem schmallippigen und griesgrämig bis bösartig dreinschauenden Kollegen möchte man sicherlich nicht gerne im Team sein. Wir wissen nicht, was Herrn Lotz veranlasst hat, gerade dieses Bewerbungsfoto auszuwählen. Vielleicht war es seine Absicht gewesen, eine gewisse Dynamik und Angriffslust auszustrahlen. Funktioniert hat dies aber nicht. Der typische Fehler bei Bewerbungsfotos – ein zu dunkler Hintergrund – ist auch hier zu finden. Ganz schlecht ist, dass die zu dunkel ausgeleuchtete linke Gesichtshälfte mit dem Hintergrund zerfließt. Statt eine freundliche Grundstimmung zu transportieren, wirft Herr Lotz mit seinem Foto nur die Frage auf „Wie viel dunkle Seiten hat dieser Bewerber denn noch?".

Mit der gelungenen Aufnahme wird Herr Lotz den Anforderungen an ein Bewerbungsfoto besser gerecht. Er schafft es, die freundliche Seite seines Wesens herauszukehren. Statt unnötiger Angriffslust traut man ihm diesmal eine tatkräftige Grundeinstellung zu. Auch die Bereitschaft, mit den Kollegen an einem Strang zu ziehen, kann man diesem Bewerber nicht absprechen. Da der Hintergrund in der verbesserten Version hell genug ist, wirkt der Gesamteindruck freundlicher. Das Gesicht hebt sich nun gut vom Hintergrund ab. Mit Anzug, weißem Hemd und Krawatte zeigt Herr Lotz, wie er im direkten Kundenkontakt auftreten wird. Man sieht, dass er die Regeln des Businessalltags verinnerlicht hat. Dies ist ein gutes Bewerbungsfoto, das die zupackende Art von Herrn Lotz transportiert und das so gut gestaltet ist, dass die ersten Sympathiepunkte vergeben werden.

Vom geknickten Bewerber zum kompetenten Logistikplaner

Diesem Bewerber möchte man eine Wärmflasche und einen Kuscheltedd in die Hand drücken, damit er wieder zu Kräften kommt – aber ihm nicht die Belastung eines Logistikplaners (siehe Initiativbewerbung 4) zumuten. Bewerbungsfotos, die Trübsinnigkeit ausstrahlen, geben zu der Vermutung Anlass, dass die abgebildete Person sich schon lange in innerer Kündigung befindet. So auch bei diesem Foto von Herrn Zogalla, das damit eine für Initiativbewerbungen gänzlich ungeeignete Signalwirkung hat. Denn gerade bei einer Initiativbewerbung möchte man einen Menschen sehen, der sich mehr als der Durchschnitt zutraut. Herr Zogalla schafft es jedoch nicht, dies zu vermitteln. Sein gesenkter Blick wirkt völlig frustriert. Der Lichtreflex auf seinem Kopf betont außerdem die nur noch spärliche Haarpracht. Das Jackett wirkt genauso zerknittert wie der Bewerber selbst. So wird es nichts mit der Einladung zum Vorstellungsgespräch!

Im Positivbeispiel sind die Störimpulse beseitigt. Herr Zogalla liefert nun ein Bewerbungsfoto, das überzeugt. Mit dem günstiger gewählten Bildausschnitt wirkt er nicht mehr wie in die Ecke gestellt. Stattdessen präsentiert er sich offensiv. Der Blick ist zum Betrachter hin ausgerichtet: Ein Bewerber, der sich nicht verkriechen möchte, sondern aktiv Kontakte knüpft. Das Lächeln, das Herr Zogalla diesmal zeigt, lässt niemanden an einen Kandidaten in innerer Kündigung denken. Im Gegenteil: Herr Zogalla vermittelt, dass er die beruflichen Aufgaben im Griff hat und sich auch weiterhin mit voller Kraft für sein Aufgabenfeld einsetzen wird. Auch die Kleidung wirkt nicht mehr zerknittert. Jackett, Hemd und Krawatte sind gut aufeinander abgestimmt. Störende Lichtreflexe sind vermieden worden, und die Ausleuchtung des Fotos ist professionell. Das Bewerbungsfoto transportiert Lebendigkeit und eine Persönlichkeit, die mitten im Leben steht. Auf diesem Foto kann Herr Zogalla überzeugen.

Checkliste für Ihr Bewerbungsfoto

- ❑ Ist das Bewerbungsfoto aktuell?
- ❑ Ist Ihr Gesichtsausdruck freundlich, aber nicht anbiedernd?
- ❑ Wirkt Ihre Mimik und Gestik auf dem Foto gestelzt oder glaubwürdig?
- ❑ Sind Freunde, Bekannte, Lebenspartner der Meinung, dass Sie auf dem Foto gut getroffen sind?
- ❑ Spiegeln sich womöglich aktuelle Krisen – Konflikte am Arbeitsplatz, Kündigung oder Arbeitslosigkeit – in Ihrem Gesicht wider?
- ❑ Wirken Sie – je nach den Bedürfnissen der Position – auf dem Foto ynamisch, souverän, verlässlich oder zielstrebig?
- ❑ Passt die Kleidung auf dem Foto zur anvisierten Position?
- ❑ Heben Sie sich genug vom Fotohintergrund ab?
- ❑ Ist der Fotohintergrund hell genug?
- ❑ Wird Ihr Gesicht gut ausgeleuchtet?
- ❑ Bei Frauen: Sind Make-up und Schmuck dezent?
- ❑ Bei Männern: Ist kein Bartschatten zu sehen? Ist ein Haarschnitt zu erkennen?
- ❑ Hat der Fotograf ein Porträtfoto angefertigt (ein Teil der Schultern ist zu sehen)?
- ❑ Ist das Foto groß genug (etwas größer als ein Passfoto)?
- ❑ Haben Sie auf der Rückseite des Fotos Namen und Adresse angegeben?
- ❑ Ist das Foto mit wieder ablösbaren Haftpunkten, Montagekleber oder Fotoecken auf dem Lebenslauf beziehungsweise Deckblatt befestigt?
- ❑ Sind ausreichend Fotos vorhanden, um auf interessante Vorabkontakte schnell genug reagieren zu können?

Leistungsbilanz statt dritter Seite

Ihre Initiativbewerbung wird dann überzeugen, wenn Ihre Qualifikationen für den Leser zu erkennen sind. Daher ist es manchmal sinnvoll, der Initiativbewerbung, neben Anschreiben und Lebenslauf, noch ein weiteres Überzeugungsmodul hinzuzufügen. Dieses von uns in der Beratungspraxis entwickelte Element nennen wir Leistungsbilanz. Eine Leistungsbilanz hat nichts mit der gelegentlich propagierten dritten Seite zu tun. Diese dritte Seite ist Personalverantwortlichen als Bewerbungsinstrument eher suspekt, weil sie in der Regel nur ein Sammelsurium von Allgemeinplätzen, Zitaten und Lebensweisheiten ist. Eine zusätzliche Seite in der Bewerbungsmappe ist aber nur dann sinnvoll, wenn sie auch wirklich *zusätzliche* Informationen liefert.

Aussagekraft oder Beliebigkeit?

Ihren Ursprung hat die Idee von einer zusätzlichen Seite im angloamerikanischen Raum. Dort sind argumentative Anschreiben, wie sie von der überwiegenden Mehrheit der deutschen Personalverantwortlichen verlangt werden, unbekannt. Stattdessen wird bei Bewerbungen zusätzlich zum Lebenslauf mit Zeitangaben und Stationen (Chronological Resumee) eine stichwortartige Selbstbeschreibung angefertigt, welche die unmittelbar im Berufsalltag einsetzbaren Kenntnisse und Fähigkeiten auflistet (Functional Resumee). Damit wird Personalverantwortlichen die Arbeit erleichtert. Auf einen Blick können sie erkennen, über welche geforderten Hard Skills (Fachkenntnisse, Weiterbildungen, Branchenerfahrungen) und Soft Skills (persönliche Eigenschaften) ein Bewerber verfügt.

So geht's nicht

Ganz anders sieht es bei den für Bewerbungen im deutschsprachigen Raum erstellten dritten Seiten aus. Statt durch Praxisbeispiele zu belegen, in welchen beruflichen Zusammenhängen sich der Bewerber bereits bewährt hat, wird nebulös schwadroniert. Eine in dieser Form aufgemachte dritte Seite steigert nicht den Erfolg der Bewerbung. Im Gegenteil, da Bewerber, die eine solche dritte Seite beilegen, oft der Meinung sind, sie müssten weniger Mühe auf die weiteren Unterlagen verwenden, erweisen sie sich damit einen Bärendienst.

Besser: Leistungsbilanz!

Sinnvoll kann eine zusätzliche Seite dann sein, wenn sie einen echten Informationswert hat. Beispielsweise wenn ein Bewerber so viele Projekte und Sonderaufgaben bewältigt hat, dass ihre Auflistung den Lebenslauf sprengen würde. Diese Extraseite nennen wir Leistungsbilanz. Sie unterscheidet sich von herkömmlichen dritten Seiten dadurch, dass sie das Profil eines Bewerbers unterstützt und vorrangig die Berufspraxis thematisiert.

Das nun folgende Beispiel einer typischen dritten Seite zeigt Ihnen, wie Sie nicht vorgehen sollten. Anhand der anschließenden Leistungsbilanz können Sie dann nachvollziehen, wie es besser geht.

Heiner Lenz - Richard Wagner Ring 28 - 95448 Bayreuth

Wer denn?

Das sagen andere über mich

---

was ist das?

Die Stärken von Heiner Lenz: Zuverlässigkeit, Unternehmenstreue gepaart mit nicht zu leugnender Ich-Stärke versetzen mich immer wieder in die Lage, auch die komplexesten beruflichen Aufgaben mit Freude und zum Wohlwollen von Vorgesetzten in angemessener Zeit und mit gutem Ergebnis zu bewältigen.

Die Schwächen von Heiner Lenz: Auch der Stärkste kann nicht stark sein, wenn er von Schwachen umgeben ist. Daher bin ich angewiesen auf ein Team, das mir den nötigen Respekt und die nötige Unterstützung zukommen lässt. Auch ich kann nicht meine volle Leistung bringen, wenn Kleingeisterei und Engstirnigkeit herrschen.

wohl verkanntes Genie ?!?

sicherlich nicht !!

Die Zukunft von Heiner Lenz: Sicherlich eine Zukunft in Ihrem Unternehmen. Lassen Sie uns individuelle und organisatorische Vorteile zusammenführen, auf dass Reibungsverluste vermieden werden und sich Synergien ergeben.

Bayreuth, im Frühjahr 2004

abgeschriebene Massenware!

Absage!

Fehler
„Persönlichkeits-spaltung?"

Obwohl Herr Lenz seine dritte Seite mit *Das sagen andere über mich* überschreibt, gibt er nur selbst Auskunft. Schlimm genug, dass er stilistisch einen Bruch begeht. Aus Sicht von Personalprofis ist aber noch viel schlimmer, dass Herr Lenz seine Ansichten über sich anderen zuschreiben will, um überzeugender zu wirken. Wahrscheinlich wird dieser Bewerber auch im Arbeitsalltag des Öfteren seine Meinung als Gruppenmeinung verkaufen wollen.

Fehler
„Unflexible Persönlichkeit"

Man möchte Herrn Lenz am liebsten zurufen „Lass es sein". Seine dritte Seite enthält nur Argumente, die gegen eine Einladung zum Vorstellungsgespräch und damit auch gegen eine Einstellung sprechen. Die *nicht zu leugnende Ich-Stärke* outet Herrn Lenz als Egozentriker. Teamfähigkeit wird er wohl nicht mitbringen.

Fehler
„Unangenehmer Zeitgenosse"

Bei der Darstellung seiner Schwächen legt Herr Lenz dann so richtig los. Die Zeile *Auch der Stärkste kann nicht stark sein, wenn er von Schwachen umgeben ist* genügt eigentlich schon als Ablehnungsgrund. Natürlich weiß man auch in den Personalabteilungen, dass ein Mitarbeiter nicht erfolgreich sein kann, wenn der Rest der Abteilung nicht mitzieht. Da bei der Durchsicht der Initiativbewerbung aber immer auch auf Hinweise zur Persönlichkeitsstruktur geachtet wird, muss man Herrn Lenz nach diesem Satz wohl unterstellen, dass er weder anpassungsfähig noch integrationswillig ist.

Fehler
„Nicht passgenau"

Die Zeitangabe *Bayreuth, im Frühjahr 2004* macht deutlich, dass diese dritte Seite nicht individuell für eine bestimmte Initiativbewerbung angefertigt wurde. Herr Lenz hat sie wohl „auf Halde" produziert und legt sie jetzt unmotiviert jeder Bewerbung bei.

Fazit

Ein Kandidat, der sich an falschen Bewerbungsvorbildern orientiert. Nicht nur, dass die dritte Seite keine Informationen bietet, mit seinen Ausführungen schadet sich der Bewerber sogar. Eine Einladung zum Vorstellungsgespräch wird schon aufgrund dieser dritten Seite unterbleiben.

Heiner Lenz - Richard Wagner Ring 28 - 95448 Bayreuth

Leistungsbilanz

TÄTIGKEITSBEREICHE

- International Sales
- Marketing
- Produktmanagement

breit aufgestellt!

AUFGABENGEBIETE

- Kundenakquisition
- monatliche Umsatzanalyse (Forecast)
- permanente internationale Markt- und Wettbewerberbeobachtung
- aktive Beschaffungsplanung
- Pflege und Überwachung der Bestellvorgänge
- Einhaltung der Liefertermine
- Überwachung und Optimierung der Lagerbestände

umfassende Einsatzmöglichkeiten

PROJEKTE

Herz schlägt für den Vertrieb

- Entwicklung neuer Verkaufsstrategien ✓
- Optimierung der Vertriebskanäle ✓
- Messestandbetreuung → kommunikationsstark
- Intensive POS-Bearbeitung

kommt auf den Punkt!

Überzeugend
„Zusatzinformationen untergebracht“

Mit der ursprünglichen Version seiner dritten Seite hat die neue Leistungsbilanz von Herrn Lenz nichts mehr gemein. Hier wird weder geschwafelt noch sich selbst geschadet. Stattdessen präsentiert Herr Lenz Fakten, anhand derer der Leser das Können des Bewerbers einzuschätzen vermag. Die Leistungsbilanz unterscheidet sich deutlich von den klassischen Elementen Anschreiben und Lebenslauf. Herr Lenz hat auf dieser Extraseite zusammengestellt, was für das umworbene Unternehmen wichtig ist. Eine eindeutige Kommunikation seines Nutzens, die ihre Wirkung nicht verfehlen wird.

Überzeugend
„Gute Struktur und Gestaltung“

Die klare Gliederung der Leistungsbilanz in die drei Blöcke *Tätigkeitsbereiche, Aufgabengebiete* und *Projekte* überzeugt. Auch die Gestaltung der gesamten Seite ist ansprechend. Wesentliche Informationen springen sofort ins Auge. Der Leser in der Personalabteilung kann sich schnell orientieren und sich einen Überblick über das Qualifikationsprofil von Herrn Lenz verschaffen. Zudem regt diese Präsentation den Personalprofi dazu an, sich Gedanken über mögliche Einsatzgebiete im Unternehmen zu machen.

Überzeugend
„Zusammenfassung des Profils“

Herr Lenz hat auch deswegen zur Leistungsbilanz gegriffen, da er in seinen Tätigkeiten im *Sales-, Marketing- und Produktmanagementbereich* auch ähnliche Aufgaben übernommen hat. Diese Überschneidung stellt er mit der Auflistung der von ihm bisher betreuten *Aufgabengebiete* heraus. So ergibt sich ein roter Faden, der die Stärken des Bewerbers betont.

Überzeugend
„Soft Skills in Aktion“

Damit bereits in der Initiativbewerbung deutlich wird, dass dieser Bewerber über die notwendigen Soft Skills verfügt, hat er sich für den Block *Projekte* entschieden. Er bleibt also nicht dabei stehen, die Routineaufgaben des Tagesgeschäftes zu beschreiben. Vielmehr zeigt er sich flexibel, beispielsweise indem er neue *Verkaufsstrategien* entwickelt hat – ein Indiz für unternehmerisches Denken. Und die *Messestandbetreuung* lässt auf Kommunikationsfreude schließen.

Fazit

Die Leistungsbilanz hat Herr Lenz gut genutzt, um sein Kernprofil herauszustellen. Seine Angaben aus Anschreiben und Lebenslauf werden noch einmal zusammengefasst präsentiert. Ein Personalprofi wird zu schätzen wissen, dass sich dieser Bewerber *vor* dem Absenden seiner Initiativbewerbung Gedanken über mögliche Einsatzbereiche gemacht hat. Diesen Initiativbewerber möchte man kennen lernen.

Gute Argumente statt Belanglosigkeiten

Sie haben an unserer Gegenüberstellung von dritter Seite und Leistungsbilanz gesehen, dass sich eine zusätzliche Seite in Bewerbungsmappe durchaus lohnen kann – vorausgesetzt, Sie haben etwas zu sagen. Personalverantwortliche sind nicht dogmatisch, was die Aufbereitung von Bewerbungsmappen betrifft. Es gibt keine DIN-Norm, nach der die Unterlagen zusammenzustellen sind. Entscheidend ist der Informationswert der einzelnen Elemente: Seiten ohne echten Informationsnutzen wirken störend. Ganz besonders gilt dies für so manche dritte Seite.

Vorsicht Gefahr!

Erhalten Personalprofis abgeschriebene dritte Seiten, in denen eine Floskel an die nächste gereiht wird, empfiehlt sich der Absender nicht gerade als Meister in der Informationsaufbereitung. Schließlich sind Personalverantwortliche darin geschult, aus den übersandten Unterlagen ein erstes Persönlichkeitsprofil herauszufiltern. Wem es schon in der Bewerbungsphase schwer fällt, gewinnbringende Informationen zu geben, der dürfte auch im späteren Arbeitsalltag Schwierigkeiten damit haben, auf den Punkt zu kommen. Somit kann eine schlecht gemachte Zusatzseite nicht nur schlichtweg überflüssig, sondern sogar schädlich für den Erfolg der Bewerbung sein.

Das interessiert Personalverantwortliche

Die von uns entwickelte Leistungsbilanz greift den Trend zu immer mehr inhaltlicher Überzeugungsarbeit im Bewerbungsverfahren auf. Es genügt nun einmal nicht mehr, sich hinter Formalien verstecken zu wollen. Eine bestimmte Anzahl von Berufsjahren, eine erworbene Berufsqualifikation, das Alter, Branchenzugehörigkeit und die richtige Berufsbezeichnung sind notwendige Faktoren. Sie reichen aber nicht mehr aus, um im Bewerbungsmarathon ganz vorne mit dabei zu sein. Werden Sie konkret, liefern Sie Angaben zu Ihren Tätigkeitsinhalten, Ihrer Projekterfahrung, Ihrem Engagement in Sonderaufgaben und Ihren Verantwortungsbereichen. Auch Belege für bisherige berufliche Erfolge, beispielsweise Gewinnsteigerungen oder Umsatzausweitungen, sind gefragt.

Bilanzieren Sie Ihre Leistungen

Viele der angesprochenen Fakten sind im Lebenslauf manchmal nur auf Kosten der Übersichtlichkeit unterzubringen. Merken Sie, dass die Darstellung Ihres Potenzials den Lebenslauf sprengen würde, sollten Sie zum Instrument der Leistungsbilanz greifen. Dort können Sie ganz detailliert Ihre Branchenerfahrung, Ihre Arbeitsschwerpunkte, besondere Erfolge und erfolgreiche Projektarbeit auflisten. Sie haben viel zu bieten. Machen Sie Ihre Leistungsfähigkeit mithilfe einer Leistungsbilanz für andere nachvollziehbar.

Checkliste für Ihre Leistungsbilanz

- ❑ Wird in Ihrer Leistungsbilanz ein individuelles Profil deutlich?
- ❑ Welche Arbeiten haben Sie bisher übernommen?
- ❑ Wo lagen Ihre besonderen Arbeitsschwerpunkte?
- ❑ Welche Branchenerfahrung bringen Sie mit?
- ❑ Haben Sie an Projekten mitgearbeitet?
- ❑ Haben Sie Sonderaufgaben übernommen?
- ❑ Konnten Sie besondere Erfolge in Ihrer täglichen Arbeit erzielen?
- ❑ Haben Sie die Möglichkeit, Ihre Erfolge in Zahlen auszudrücken (Kostensenkung, Qualitätsverbesserung, Umsatzsteigerung, Ausweitung des Kundenstammes)?
- ❑ Gab es Gelegenheiten, bei denen Sie das Unternehmen in der Öffentlichkeit vertreten haben?
- ❑ Haben Sie Projekte aufgeführt, die Sie in Zusammenarbeit mit Unternehmensberatungen bewältigt haben (Umstrukturierungen, Rationalisierungsmaßnahmen, Ausweitung der Geschäftstätigkeit)?
- ❑ Haben Sie besondere Maßnahmen in der Mitarbeiterbetreuung initiiert (Auszubildendenbetreuung, Mitarbeiterschulung, Mentorensystem, Coaching)?
- ❑ Haben Sie die Aufgaben von Kollegen miterledigt?
- ❑ Sind Sie offiziell mit Aufgaben außerhalb Ihres Arbeitsbereiches betraut worden (Weisung, Besetzungssperre, Krankheit oder Urlaub von Kollegen)?
- ❑ Bringen die Angaben in der Leistungsbilanz dem Leser in der Personalabteilung einen Mehrwert gegenüber dem Lebenslauf?
- ❑ Sind alle aufgeführten Projekte und Sonderaufgaben für die ausgeschriebene Stelle von Bedeutung?

Vollständigkeit: Was gehört in die Bewerbungsmappe?

Bei Initiativbewerbungen können Sie sowohl Kurzbewerbungen als auch komplette Bewerbungsmappen versenden. Grundsätzlich empfehlen wir Ihnen, vollständige Bewerbungsmappen zu versenden. So zeigen Sie, dass Ihnen die Bewerbung bei diesem Unternehmen besonders wichtig ist. Kurzbewerbungen erwecken dagegen schnell den Eindruck von Bewerbungsrundschreiben. Personalverantwortliche könnten vermuten, dass Sie sich nicht gezielt bei ihrem Unternehmen beworben haben und Ihrer Bewerbung kritischer als nötig gegenüberstehen.

Wann empfiehlt sich eine Kurzbewerbung?

Kurzbewerbungen sind Pflicht, wenn das Unternehmen dies ausdrücklich wünscht. Sie bestehen aus einem Anschreiben und dem Lebenslauf mit Foto. Eine zusätzliche Leistungsbilanz kann jedoch auch hier für mehr Aussagekraft Ihres Profils sorgen. Auf den Versand der Unterlagen in einer Mappe können Sie ebenso verzichten wie auf das Mitschicken von Arbeitszeugnissen, des berufsqualifizierenden Abschlusses, Weiterbildungszertifikaten und sonstiger Leistungsnachweise. Kurzbewerbungen umfassen zwei bis vier DIN-A4-Seiten und sind deshalb auch kostengünstig im Versand. Den Aufbau sehen Sie in den Abbildungen *Kurzbewerbung* und *Kurzbewerbung mit Leistungsbilanz*.

Kurzbewerbung

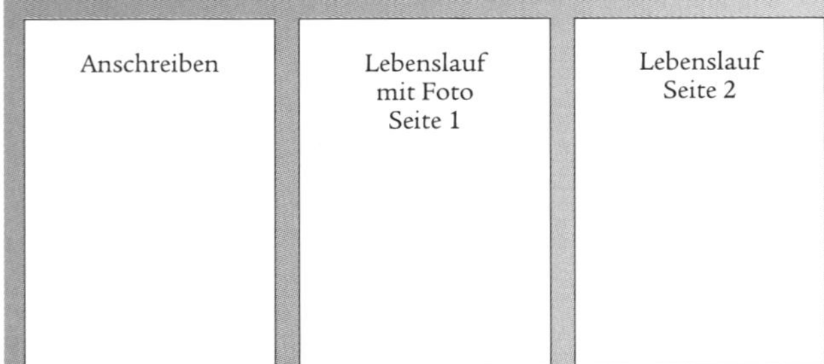

Kurzbewerbung mit Leistungsbilanz

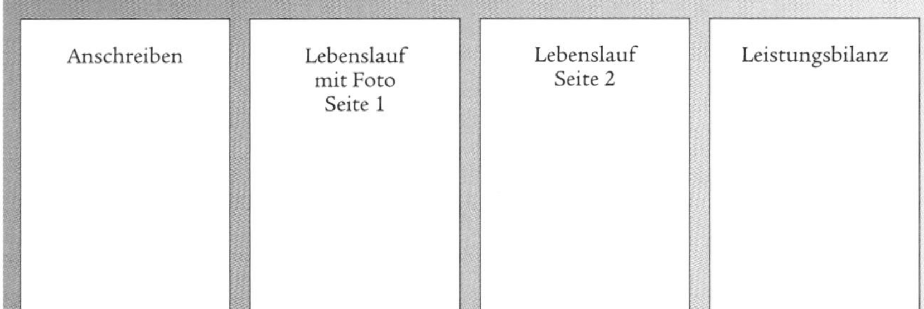

So sieht eine vollständige Bewerbungsmappe aus

Grundsätzlich gehören zu einer vollständigen Bewerbung das Anschreiben, der Lebenslauf, das Bewerbungsfoto sowie Kopien von Arbeitszeugnissen und des berufsqualifizierenden Abschlusses. Hinzu kommen eventuell Kopien von Fortbildungsabschlüssen, Weiterbildungsbestätigungen und sonstigen Zertifikaten. Beachten Sie, dass das Anschreiben stets lose obenauf in die Mappe eingelegt wird.

Sie sollten möglichst jede bisherige berufliche Station mit einem Arbeitszeugnis belegen. Fehlt ein Arbeitszeugnis, so wird vermutet, dass es Probleme gab oder die Bewertungen wohl schlecht waren. Für Ihre aktuelle Tätigkeit müssen Sie nicht zwingend ein Zwischenzeugnis liefern. Man hat in der Regel Verständnis dafür, dass Sie am derzeitigen Arbeitsplatz keine Unruhe durch die Bitte um Anfertigung eines Zwischenzeugnisses entstehen lassen wollen.

Nur wenigen Bewerbern ist bekannt, dass sie statt eines Zwischenzeugnisses eine selbst verfasste Tätigkeitsbeschreibung beilegen können. Diese Tätigkeitsbeschreibung sollte stichwortartig Ihre Arbeitsbereiche, Ihre Haupttätigkeiten und eventuell von Ihnen durchgeführte Projekte und wahrgenommene Sonderaufgaben enthalten. Auf eine Bewertung Ihrer Leistungen, wie in einem Arbeitszeugnis, verzichten Sie selbstverständlich. Es würde dem Leser Ihrer Bewerbungsmappe sauer aufstoßen, wenn Sie Ihre Arbeitsleistung selbst bewerteten. Denn dies ist Fachvorgesetzten und Personalverantwortlichen vorbehalten. Eine Alternative zu dieser Tätigkeitsbeschreibung ist eine von Ihnen angefertigte Leistungsbilanz, in der Sie nicht nur auf Ihre aktuelle Position eingehen, sondern Ihre gesamten beruflichen Erfahrungen kurz zusammenfassen. Sowohl die selbst erstellte Tätigkeitsbeschreibung als auch die Leistungsbilanz sollte dem Leser jedoch einen echten Mehrwert gegenüber den Angaben im Lebenslauf bieten. Sonst verzichten Sie lieber darauf.

Da gerade bei einer Initiativbewerbung auch Referenzgeber zu Ihren beruflichen Leistungen interessant sein können, bietet es sich für manche Bewerber an, von sich aus Referenzen zu nennen. Nehmen Sie ein separates Blatt Papier, das Sie mit der Überschrift Referenzen versehen. Dann könnten Sie formulieren *Weitere Auskünfte zu meiner Person und zu meinen beruflichen Leistungen gibt Ihnen gerne: Frank Müller, Abteilungsleiter Einkauf der Sales AG unter der Durchwahl 069 / 123 45-67.* Wenn Sie sich entschlossen haben, Ihrer Initiativbewerbung eine Leistungsbilanz beizufügen, können Sie Ihre Referenzen auch dort vermerken. Vergessen Sie in beiden Fällen jedoch nicht, die von Ihnen genannten Referenzgeber rechtzeitig zu informieren, damit keine unbedachten Äußerungen Ihren Bewerbungserfolg gefährden.

Die klassische Zusammenstellung

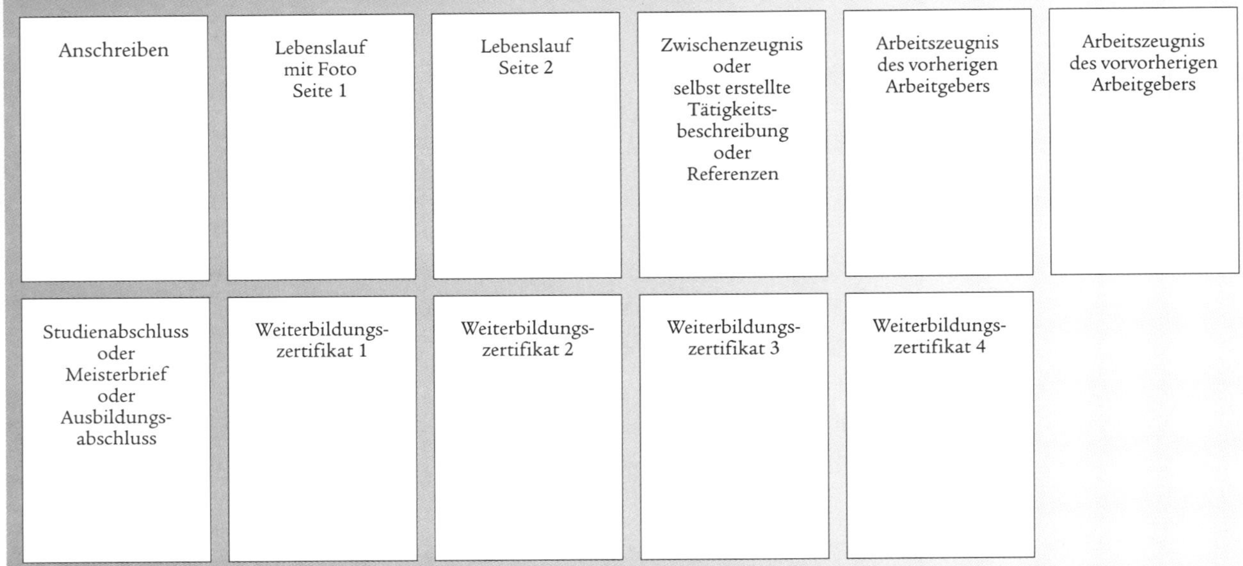

In der Abbildung *Die klassische Zusammenstellung* sehen Sie, in welcher Reihenfolge die Unterlagen sortiert werden können. Auf das einseitige Anschreiben folgt der zweiseitige tätigkeitsbezogene Lebenslauf. Die weiteren Unterlagen beginnen bei dem Zwischenzeugnis, alternativ einer selbst erstellten Tätigkeitsbeschreibung oder auch einer Referenzseite. Danach folgen Kopien früherer Arbeitszeugnisse, des berufsqualifizierenden Abschlusses und von Weiterbildungszertifikaten. Wenn Sie eine Leistungsbilanz beifügen möchten, können Sie sich an der Abbildung *Die klassische Zusammenstellung mit Leistungsbilanz* orientieren. Statt eines Zwischenzeugnisses folgt im Anschluss an den Lebenslauf die Leistungsbilanz, auf der Sie auch Referenzen vermerken können.

Die klassische Zusammenstellung mit Leistungsbilanz

Weitere Variationsmöglichkeiten für die Zusammenstellung Ihrer Bewerbungsunterlagen erhalten Sie, wenn Sie ein zusätzliches Deckblatt verwenden, siehe Abbildung *Variation mit Deckblatt vor dem Anschreiben*. Dieses Deckblatt liegt obenauf und gibt Ihnen die Möglichkeit, ein individuelles Titelblatt für Ihre Bewerbungsmappe zu entwerfen. Außerdem könnten Sie bereits auf diesem Deckblatt Ihr Bewerbungsfoto anbringen, was Ihnen zusätzlich ermöglicht, ein etwas größeres Foto zu verwenden. Aber schreiben Sie auf dem Deckblatt nicht *Bewerbungsunterlagen von ...*, sonst wirkt die Bewerbung gleich beim ersten Blick wenig passgenau. Geben Sie auf dem Deckblatt die genaue Position an, auf die Sie sich bewerben, siehe *Muster Deckblatt 1 und 2*. Es bietet sich außerdem an, schon hier Ihre Kontaktdaten aufzuführen. Verzichten Sie aber nicht darauf, diese Daten auf dem Anschreiben und dem Lebenslauf erneut zu vermerken.

Variation mit Deckblatt vor dem Anschreiben

Deckblatt mit Foto	Anschreiben	Lebenslauf ohne Foto Seite 1	Lebenslauf Seite 2	Arbeitszeugnis des vorherigen Arbeitgebers	Arbeitszeugnis des vorvorherigen Arbeitgebers

Muster Deckblatt 1

Frank Schubert
Bankkaufmann
Ulrichstraße 56
60386 Frankfurt am Main

Tel. 0 69 - 121 12 21
E-Mail: F.Schubert@freenet.de

Bewerbung als Kreditsachbearbeiter bei der Müller AG

Muster Deckblatt 2

Bewerbungsunterlagen für die Firma Maschinenbau GmbH

Ulrike Schaffner
Wiesbadener Allee 212
60311 Frankfurt am Main

Position: Personalassistentin

Tel.: (0 69) 456 32 34
Mobil: (0172) 345 32 34
E-Mail: Ulrike.Schaffner@web.de

Statt als Titelblatt für Ihre gesamten Unterlagen können Sie das Deckblatt auch nach dem Anschreiben einsortieren. Das Deckblatt ist dann eine Art Einleitungsseite zum Lebenslauf. Siehe *Variation mit Deckblatt nach dem Anschreiben*.

Variation mit Deckblatt nach dem Anschreiben

Anschreiben	Deckblatt mit Foto und persönlichen Daten	Lebenslauf ohne Foto Seite 1	Lebenslauf Seite 2	Arbeitszeugnis des vorherigen Arbeitgebers	Arbeitszeugnis des vorvorherigen Arbeitgebers

Bei sehr umfangreichen Anlagen bietet es sich an, ein Anlagenverzeichnis zu erstellen. Auf dem Anschreiben ist in der Regel zu wenig Platz für eine längere Auflistung, deshalb reicht dort der bloße Vermerk *Anlagen*. Ein ausführliches Anlagenverzeichnis kann jedoch als separates Blatt an den Lebenslauf anschließen, um dem Leser die Orientierung in den umfangreichen Unterlagen zu erleichtern, siehe Abbildung *Variation mit Anlagenverzeichnis*. Unser *Muster Anlagenverzeichnis* zeigt Ihnen einen möglichen Aufbau dieser Extraseite.

Variation mit Anlagenverzeichnis

Anschreiben	Deckblatt mit Foto	Lebenslauf ohne Foto Seite 1	Lebenslauf Seite 2	Anlagenverzeichnis	Arbeitszeugnis des vorherigen Arbeitgebers

Muster Anlagenverzeichnis

ANLAGENVERZEICHNIS

Arbeitszeugnisse
- Sales AG
- Vertriebs GmbH
- Spedition Meyer GmbH

Zeugnisse über Studium und Ausbildung
- Diplomurkunde Diplom-Volkswirt
- Ausbildungszeugnis Speditionskaufmann

Weiterbildungszertifikate
- Teambildungsseminar
- Kundenbetreuung per Telefon
- Verkaufsförderung
- Verhandlungsführung
- Ausbildereignung

Bedenken Sie bei der Erstellung Ihrer Bewerbungsmappe aber immer, dass sie wirklich nur Unterlagen einsortieren, die für eine Einstellungsentscheidung relevant sind und Ihre Mappe nicht unnötig aufblähen.

Checkliste für Ihre vollständige Bewerbungsmappe

- ❑ Haben Sie sich nur dann für eine Kurzbewerbung entschieden, wenn dies ausdrücklich gewünscht wurde?
- ❑ Sind die Anlagen in der richtigen Reihenfolge sortiert?
- ❑ Sind die beigefügten Kopien von guter Qualität?
- ❑ Beinhaltet Ihre Bewerbungsmappe zumindest das Anschreiben, den Lebenslauf, das Bewerbungsfoto und den berufsqualifizierenden Abschluss?
- ❑ Haben Sie ein Zwischenzeugnis oder, alternativ dazu, eine selbst verfasste Tätigkeitsbeschreibung über Ihre momentanen Aufgaben beigefügt (kein Muss)?
- ❑ Möchten Sie Referenzen von Fürsprechern beilegen (kein Muss)?
- ❑ Haben Sie eine Leistungsbilanz ausgearbeitet (kein Muss)?
- ❑ Liegen die Arbeitszeugnisse früherer Arbeitgeber bei?
- ❑ Haben Sie die Weiterbildungszertifikate ausgewählt, die für die ausgeschriebene Position wichtig sind?
- ❑ Gibt es nicht nur Bestätigungen über fachliche Weiterbildungen, sondern auch über Soft Skill-Trainings (Verhandlungsführung, Präsentieren, Rhetorik, Moderation)?
- ❑ Haben Sie bei sehr umfangreichen Anlagen ein Anlagenverzeichnis erstellt?
- ❑ Sind die Anlagen insgesamt stimmig und aussagekräftig?
- ❑ Wirkt die Mappe wie aus einem Guss?

Durchgesehene Initiativbewerbungen

Nachdem Sie sich intensiv mit den einzelnen Elementen der Bewerbungsmappe auseinander gesetzt haben, werden wir Ihnen nun zeigen, wie sich die einzelnen Bestandteile der Mappe so aufeinander abstimmen lassen, dass sie wie aus einem Guss erscheint. Es zählt schließlich der Gesamteindruck Ihrer Unterlagen, Sie sollten sich an keiner Stelle eine Blöße geben.

Behalten Sie bei der Ausformulierung Ihrer Unterlagen immer unsere Profil-Methode im Blick: Achten Sie auf Passgenauigkeit, Stärkenorientierung und Glaubwürdigkeit, um den Bewerbungserfolg zu sichern. Wir wissen aus unserer langjährigen Beratungstätigkeit, dass Sie erst mit einer individuell gestalteten Bewerbung die Aufmerksamkeit erzielen, die Ihnen zusteht. Versuchen Sie, nicht in der großen grauen Masse mitzuschwimmen. Bekennen Sie sich zu Ihren Stärken, und arbeiten Sie heraus, wo Ihre besonderen Erfahrungen und speziellen Kenntnisse liegen.

Zunächst ist es wichtig, sich intensiv mit den Anforderungen der anvisierten Stelle zu beschäftigen. Werten Sie Stellenanzeigen gründlich aus, damit Ihnen die Wünsche der Unternehmen klar werden. Beim Lesen in Ihrer Bewerbungsmappe werden die von Ihnen angeschriebenen Personalverantwortlichen genau darauf achten, ob Sie sich zielgerichtet bewerben oder zur großen Gruppe derjenigen – ungeliebten – Bewerber gehören, die einfach einen „Schuss ins Blaue“ abgeben. Es sollte sowohl in Ihrem Anschreiben als auch in Ihrem Lebenslauf deutlich werden, dass Sie die Anforderungen der Position und des Unternehmens erkannt haben. Führen Sie plausible Belege auf, dass Sie die richtigen Qualifikationen mitbringen und ohne größere Reibungsverluste die neue Stelle antreten könnten.

Alle von Ihnen erstellten Bewerbungsunterlagen müssen für Personalverantwortliche einen echten Informationswert haben. Verwechseln Sie das Anschreiben nicht mit einem Begleitbrief zur Bewerbungsmappe. Formulieren Sie lieber ein knappes Gutachten in eigener Sache. Verzichten Sie auf Floskeln und Allgemeinplätze, die auf jeden Bewerber gleich gut (eigentlich gleich schlecht) passen. Unterlassen Sie auf jeden Fall Arbeitgeberschelte und Problemschilderungen. Schließlich will man wissen, welche Aufgaben Sie gut bewältigen, und nicht, bei welchen Sie Schwierigkeiten bekommen haben. Zeigen Sie im Anschreiben ein überzeugendes Profil, indem Sie kurz Ihre beruflichen Aufgaben aus dem Tagesgeschäft beschreiben. Sammeln Sie Zusatzpunkte mit besonderen Leistungen wie Projektarbeit oder Sonderaufgaben.

Beim Lebenslauf genügt es nicht, eine Nacherzählung des Lebensweges von der Grundschulzeit an abzuliefern. Ebenso ist es zu wenig, wenn Sie nur eine Auflistung bisher durchlaufener beruflicher Stationen anfertigen, ohne auf die in jeder Station ausgeübten Tätigkeiten einzugehen. Die so häufig anzutreffenden Standardlebensläufe können Personalverantwortliche nicht begeistern. Liefern Sie die richtigen Stichworte, die Ihr Können für andere sichtbar machen. Sorgen Sie auch mit dem Lebenslauf dafür, dass Ihr unverwechselbares Profil für den Leser zu erkennen ist.

Besondere Vorsicht sollten Sie bei Extraseiten in Ihrer Bewerbung walten lassen. Legen Sie keine dritten Seiten bei, deren Informationsarmut, Beliebigkeit und Phrasendrescherei den Leser nur ärgert. Wenn Sie wichtige Zusatzinformationen geben möchten, die den Rahmen des Lebenslaufes sprengen würden, sollten Sie lieber die von uns entwickelte Form der Leistungs- bilanz wählen. Auch bei dieser Leistungsbilanz achten Sie natürlich darauf, dass die Angaben für die Entscheidung „Einladung zum Vorstellungsgespräch: ja oder nein?" von Bedeutung sind.

Lassen Sie sich nun zeigen, wie Sie Ihre Bewerbungsunterlagen optimieren können. Wir stellen Ihnen nun die misslungenen und die gelungenen Bewerbungsmappen von einer Bewerberin und drei Bewerbern vor. Die jeweiligen Kommentare im Anschluss machen Sie mit der Sichtweise von Personalverantwortlichen vertraut. Sie erfahren, warum bei schlecht gemachten Bewerbungen eine Einladung zum Bewerbungsgespräch ausbleibt, und welche Fehler Bewerber und Bewerberinnen immer wieder ins Aus führen. Dass Sie etwas für den Erfolg Ihrer Bewerbung tun können, zeigen Ihnen anschließend die verbesserten Unterlagen. Der Vorher-nachher-Effekt wird Sie überzeugen.

Jedes Beispiel beginnt mit einem kurzen Abriss über die momentane Situation des Bewerbers, die seine Beweggründe für den Stellenwechsel aufzeigen soll. Die überzeugenden Bewerbungsmappen beginnen jeweils mit einem Stellenprofil, wie wir es Ihnen in dieser Arbeitsmappe im Kapitel *Stellenprofil: Die Wünsche der Unternehmen* schon gezeigt haben. Die Bewerber recherchieren vorab die Anforderungen ihrer anvisierten Stellen und nehmen außerdem telefonischen Kontakt mit einem Mitarbeiter des Unternehmens auf. Dadurch sind sie in der Lage – auch ohne explizite Stellenanzeige – sich passgenau auf eine Position hin zu bewerben. Bei den Negativbeispielen ist diese Vorarbeit, wie auch in der Bewerbungspraxis häufig festzustellen, leider unterblieben. Die misslungenen Anschreiben und Lebensläufe enthalten zudem Fehler, die Personalverantwortliche Absagen aussprechen lassen. Missverständliche Formulierungen, unpräzise Bewerberprofile und ein schlecht dargestelltes Soft Skill-Potenzial verhindern den Bewerbungserfolg.

In den Positivbeispielen zeigt sich, dass durchaus Potenzial bei den Bewerbern vorhanden ist. Diesmal schaffen sie es, mit optimalen Unterlagen Interesse zu erwecken und sich Einladungen zu Vorstellungsgesprächen zu erarbeiten.

Initiativbewerbung für die Position Personalreferentin

In unserem ersten Beispiel für eine Initiativbewerbung optimieren wir die Unterlagen von Frau Katharina Fluck. Sie hat einige Jahre im Personalbereich gearbeitet, allerdings ist ihr beruflicher Werdegang nicht ganz ohne Ecken und Kanten. Einer ihrer ehemaligen Arbeitgeber ist bereits einen Monat nach ihrem Einstieg in die Insolvenz gegangen. Ihr heutiges Arbeitsfeld hat sich Frau Fluck erst durch eine Fortbildung zur Personalfachkauffrau erschlossen. Ursprünglich hat sie eine Ausbildung zur Speditionskauffrau durchlaufen.

Besondere Mühe hat sich Frau Fluck bei den fehlerhaften Unterlagen nicht gegeben. Sie war der Meinung, dass ihre momentane Tätigkeit in der Personalabteilung ausreichend wäre, um eine Einladung zum Vorstellungsgespräch zu erhalten. Urteilen Sie selbst, ob die Initiativbewerbung von Frau Fluck in der ersten Fassung wirklich genug Gründe enthält, die eine Einladung zu einem persönlichen Gespräch rechtfertigen.

Katharina Fluck

Klostergasse 12
36041 Fulda
Tel. 06 61 – 127 15 26

Systemhaus ABACUSS GmbH
Human Resources
Mercedes-Benz-Platz 5/7
36037 Fulda

Fulda, 16-03-04

Initiativbewerbung für den Personalbereich als was ?

was will die Bewerberin bei uns tun?

Sehr geehrte Damen und Herren,

ich möchte mich Ihnen vorstellen: Mein Name ist Katharina Fluck. Ich bin 28 Jahre alt und suche die neue Herausforderung. Sicherlich fragen Sie sich jetzt, warum ich Sie anschreibe. Das ist einfach zu beantworten: Wie ich aus der Presse erfahren habe, haben Sie ein besonders innovatives Unternehmen, das seinen Mitarbeitern viel Wertschätzung entgegenbringt. In so einem kreativen Umfeld würde ich gerne tätig sein.

Wie Sie aus meinem Lebenslauf sehen können, habe ich schon in verschiedenen Firmen gearbeitet und habe auch unterschiedliche Bereiche kennen gelernt. Der Umgang mit Menschen steht bei mir an erster Stelle. Kundenorientiertes Arbeiten ist eine Selbstverständlichkeit für mich.

Nun suche ich eine Herausforderung im Personalbereich, in die ich meine Stärken einbringen kann. Gerne beantworte ich Ihnen in einem Gespräch weitere Fragen.

welche ?

? Mit herzlichen Grüßen aus der Bischofsstadt Fulda

Katharina Fluck

Leider nicht bei dieser Bewerbung !

Katharina Fluck

Klostergasse 12
36041 Fulda
Tel. 06 61 – 127 15 26

Private Angaben

geb. am 12-07-75 in Heilbronn ?
Eltern: Ernst Fluck (Installateur) und Roswitha Fluck, geb. Staack (Hausfrau) ?

Schule

08-81 bis 07-85	Grundschule Heilbronn
08-85 bis 07-86	Katholisches-Mädchen-Gymnasium Heilbronn
08-86 bis 07-92	Realschule Heilbronn
08-92 bis 07-94	Hauswirtschaftlicher Zweig der Berufsschulen Heilbronn

} wie niedlich

Freiwilliges Soziales Jahr

10-94 bis 05-95	Caritas Stiftung Mädchen in Not

Aus- und Fortbildung

08-96 bis 12-99	Ausbildung zur Speditionskauffrau
04-01 bis 03-03	Fortbildung zur Personalfachkauffrau

? weiß sie, was sie will?

Katharina Fluck

Klostergasse 12
36041 Fulda
Tel. 06 61 – 127 15 26

Beruf

01-00 bis 03-01	Weiterbeschäftigung im Ausbildungsbetrieb ?
04-03	Leasing GmbH, Personalbüro
05-03 bis heute	Software KG, Personalabteilung

was genau gemacht?

Weiterbildung

div. Weiterbildungen in der Zollabwicklung und im Personalbereich
?

Sonstiges

Französischkenntnisse ?
aktuelle Bürosoftware ?

Hobbys

Lesen
Handball spielen
Tanzen
Aquarell malen
Briefe schreiben → aber nicht Bewerbungsbriefe, oder?

Katharina Fluck

abgeschrieben!

WAS SOLLTEN SIE ÜBER KATHARINA FLUCK NOCH WISSEN?

stimmt nicht!

- Sichern Sie sich eine teamfähige Personalerin, die konsequent ihre berufliche Entwicklung gestaltet hat.
- Stellen Sie eine kommunikationsstarke Mitarbeiterin ein, die im Rahmen ihrer Erfahrungen kompetent Auskunft geben kann. Na, ja!
- Gewinnen Sie eine Personalassistentin, die sich zu motivieren weiß und sich immer wieder zu neuen Leistungen anspornt. kann ich nicht erkennen!
- Verstärken Sie Ihr Team mit einer Persönlichkeit, die mit ihren guten Französischkenntnissen auch in internationalen Beziehungen überzeugen kann.
- Nutzen Sie meine intensive Auseinandersetzung mit Problemstellungen aus dem Personalbereich, um dieses Wissen für Ihre Firma nutzbar zu machen. welche?

LADEN SIE MICH EIN, UM MICH BESSER KENNEN ZU LERNEN!

NEIN!

Absage!

Anschreiben

Fehler „Gestaltung“

Anschreiben, die direkt nach der Anrede mit dem Wort „ich“ beginnen, bekommen von Personalprofis bereits die ersten Minuspunkte. Auch diese Bewerberin beginnt den Anschreibentext mit „ich“, was bei ihr egozentrisch wirkt, umso mehr, weil sie diesen schlechten Stil in den anschließenden Sätzen fortführt. Natürlich geht es im Anschreiben um die Darstellung der eigenen Qualifikationen. Aber die Bereitschaft, ein Profil zu zeigen, das für die umworbene Firma einen Nutzen erkennen ließe, wird bei Frau Fluck nicht erkennbar. Hier stellt sich jemand selbst in den Mittelpunkt, ohne die Bedürfnisse des Lesers in der Personalabteilung zu berücksichtigen.

Fehler „Aufgesetzt“

Man nimmt Frau Fluck nicht ab, dass sie sich intensiv mit ihren Stärken und möglichen Einsatzbereichen auseinander gesetzt hat. Statt dem Leser Informationen zu bieten, versteckt sie sich hinter rhetorischen Floskeln. Sätze wie *Sicherlich fragen Sie sich jetzt, warum ich Sie anschreibe* sind im Anschreiben deplatziert. Diese von der Bewerberin aufgeworfene Frage stößt zudem auch deshalb sauer auf, weil sie nicht beantwortet wird. Hier versucht eine Bewerberin zu tricksen. Individualität und Glaubwürdigkeit sind nicht einmal im Ansatz zu erkennen.

Fehler „Vage und ungenau“

Schon die sehr allgemein gehaltene Betreffzeile *Initiativbewerbung für den Personalbereich* verheißt nichts Gutes. Welchen Aufgabenbereich hat Frau Fluck denn im Sinn? Bewirbt sie sich als psychologisch geschulte Personalentwicklerin, als kaufmännische Personalassistentin, als Personalreferentin mit Entscheidungsbefugnissen oder womöglich als Personalleiterin mit Führungsverantwortung? Im Anschreibentext geht es dann genauso vage weiter. Zweimal erwähnt Frau Fluck, sie *suche die neue Herausforderung.* Welche Herausforderung sie damit aber meint, erklärt sie nicht.

Fehler „Anbiederung“

Die Lobhudelei, die Frau Fluck im ersten Absatz ihres Anschreibens betreibt, verfängt nicht. Eher warnt sie damit den Personalverantwortlichen. Offensichtlich möchte die Bewerberin durch ihre Anbiederung *(Wie ich … erfahren habe, haben Sie ein besonders innovatives Unternehmen)* einer kritischen Auseinandersetzung mit ihrem Profil ausweichen. Auch die Grußformel am Ende des Anschreibens *Mit herzlichen Grüßen aus der Bischofsstadt Fulda* wirkt für eine Bewerbung völlig unpassend.

Lebenslauf

Fehler „Vage und ungenau“

Nur der erste Blick auf die Zeitleiste im Lebenslauf von Katharina Fluck lässt diese übersichtlich erscheinen. Beim zweiten Blick fällt unangenehm auf, dass die Bewerberin Monat und Jahr bei den Zeitangaben mit einem Bindestrich verbindet und Zeiträume mit dem Wort bis verbindet. Diese ungewöhnliche Darstellung wirkt störend auf den Lesefluss und das Verständnis. Eindeutig negativ ist hierbei auch, dass bei den Jahresangaben nur die letzten zwei Ziffern auftauchen. Meint die Angabe *04-01* nun *April 2001* oder *Januar 2004*?

Fehler „Recyclen alter Lebensläufe“

Der Lebenslauf von Frau Fluck wirkt wie der Lebenslauf einer Bewerbung um einen Ausbildungsplatz, erweitert um einige wenige Punkte. Die Angaben zu den Eltern sind bei ihrer Initiativbewerbung nun wirklich nicht mehr gefragt. Der Block *Schule* ist zu ausführlich dargestellt. Zudem stößt die Bewerberin den Personalverantwortlichen noch darauf, dass sie vom Gymnasium auf die Realschule wechseln musste. Dass sie überhaupt einen Schulabschluss erworben hat, wird nur indirekt deutlich, und zwar dadurch, dass sie eine Ausbildung aufnehmen konnte. Ausdrücklich genannt wird der Schulabschluss jedoch an keiner Stelle. Das Recyclen alter Lebensläufe ist ein Fehler, der leider häufig vorkommt und immer negativ auffällt.

Fehler „Fehlende Abschlüsse“

Frau Fluck verschweigt nicht nur ihren Schulabschluss. Auch im Block *Aus- und Fortbildung* weigert sie sich, Farbe zu bekennen. Deutlich wird nur, dass sie eine Zeit lang in einer Ausbildung zur Speditionskauffrau verbracht hat und dass sie versucht hat, sich zur Personalfachkauffrau fortzubilden. Ob Aus- und Fortbildung mit Erfolg abgeschlossen wurden, ist überhaupt nicht ersichtlich. Eine Fortbildung zur Personalfachkauffrau hätte die Bewerberin auch ohne einen Ausbildungsabschluss aufnehmen können.

Fehler „Berufliches Vakuum“

Ganze drei Zeilen räumt Katharina Fluck der Darstellung ihrer beruflichen Entwicklung ein. Im Block *Hobbys* dagegen verwendet sie fünf Zeilen – ein offensichtliches Missverhältnis zwischen Arbeit und Freizeit. Was sie konkret in ihren einzelnen Beschäftigungsverhältnissen gemacht hat, ist nicht ersichtlich. Man wird den Eindruck nicht los, dass es auch Handlangerdienste einer ungelernten Kraft sein könnten.

Dritte Seite

Fehler „Bewerberin im Leerlauf“

Die Weigerung konkrete Aussagen über ihre Qualifikationen zu machen, setzt sich auch auf der dritten Seite fort. Wieder muss der Leser sich durch Floskeln und nichtssagende Platituden kämpfen. Zudem wirkt der gesamte Text wie abgeschrieben. Die Egozentrik, die man der Bewerberin schon im Anschreiben vorwerfen musste, wird hier auf die Spitze getrieben. Aus dieser dritten Seite ist eigentlich nur maßlose Selbstüberschätzung herauszulesen. Die Drückerformel am Schluss *Laden Sie mich ein, um mich besser kennen zu lernen* ist wohl der letzte Strohhalm, an den sich Frau Fluck klammert.

Fazit

Eine Initiativbewerbung, wie sie Personalverantwortliche leider zu oft zu sehen bekommen: Viel Papier, null Aussagekraft. Schade um die Zeit, die man beim Lesen mit dieser Mappe vergeudet hat. Zurück an die Absenderin!

Damit Frau Fluck mit ihren Unterlagen nicht wieder Schiffbruch erleidet, bereitet sie sich diesmal im Vorfeld ihrer Initiativbewerbung besser vor. Sie recherchiert im Internet und in den Stellenmärkten der Tageszeitungen, um sich ein Stellenprofil zur anvisierten Position zu erarbeiten.

Stellenprofil Personalreferentin

Aufgaben in Stellenanzeige 1
- Wahrnehmung von Personalmaßnahmen
- Lohn- und Gehaltsabrechnung

Geforderte fachliche Kenntnisse in Stellenanzeige 1
- einschlägige Berufserfahrung
- Studium oder Ausbildung zur Personalfachkauffrau

Geforderte Soft Skills in Stellenanzeige 1
- kommunikationsstark
- belastbar

Aufgaben in Stellenanzeige 2
- Konzeption flexibler Gehaltssysteme
- Personalentwicklung

Geforderte fachliche Kenntnisse in Stellenanzeige 2
- gängige Bürosoftware
- gute Kenntnisse gesetzlicher und tariflicher Regelungen

Geforderte Soft Skills in Stellenanzeige 2
- Teamfähigkeit
- konzeptionell stark

Um das Stellenprofil weiter zu differenzieren, hat Frau Fluck zum Telefon gegriffen und sich in die Human Resources Abteilung der Systemhaus ABACUSS durchstellen lassen. Dort hat sie ein Gespräch mit der Personalleiterin Petra Wenig geführt und die nachfolgenden zusätzlichen Anforderungen erfahren.

Zusatzinformationen aus dem Telefonat

- Branchenerfahrung in der IT-Branche
- Personalberichterstattung

Wie sich die gewonnenen Informationen in eine überzeugende Initiativbewerbung einfügen lassen, zeigen Ihnen die nun folgenden verbesserten Bewerbungsunterlagen.

Katharina Fluck
Klostergasse 12
36041 Fulda

Tel. 06 61 – 127 15 26
E-Mail: K.Fluck@aol.de

Systemhaus ABACUSS GmbH
Human Resources
Frau Petra Wenig
Mercedes-Benz-Platz 5/7

36037 Fulda

Fulda, 16.03.2004

Initiativbewerbung als Personalreferentin
Unser Telefongespräch vom 15.03.2004

informativ!

Sehr geehrte Frau Wenig,

es freut mich, dass Sie Einsatzmöglichkeiten für mein Profil in Ihrem Unternehmen sehen. Hier sind, wie besprochen, die weiteren Informationen zu meiner beruflichen Entwicklung.

Momentan arbeite ich als Personalreferentin für die Software KG. Mit den speziellen Anforderungen der Personalauswahl und -betreuung im IT-Bereich bin ich daher gut vertraut. Zu meinen Aufgaben gehört sowohl die Personalverwaltung als auch die Personalentwicklung. Ich führe Auswahlgespräche durch und bin für alle Personalmaßnahmen wie Projektabordnungen zuständig. Die Personalberichterstattung fällt ebenso in meinen Zuständigkeitsbereich, dabei berichte ich direkt an die Geschäftsführung. gut ✓

Um die Mitarbeitersteuerung flexibler gestalten zu können, habe ich in zwei Personalentwicklungsprojekten neue Gehaltssysteme etabliert und die bedarfsgerechte Schulung von Mitarbeitern optimiert. gut ✓

Die Basis für meine jetzige Tätigkeit ist eine Fortbildung zur Personalfachkauffrau, an der ich in Vollzeit teilgenommen habe. Meine berufliche Entwicklung habe ich als Speditionskauffrau begonnen. Nach einer erfolgreich abgeschlossenen Ausbildung war ich bei meinem Ausbildungsbetrieb in der Logistikabteilung tätig und habe im Rahmen einer Kollegenvertretung den Personalbereich kennen und schätzen gelernt. okay! ✓

Für ein weiterführendes Gespräch stehe ich Ihnen gerne zur Verfügung.

Mit freundlichen Grüßen

Katharina Fluck

Anlagen

Katharina Fluck
Klostergasse 12
36041 Fulda

Tel. 06 61 – 127 15 26
E-Mail: K.Fluck@aol.de

LEBENSLAUF

Persönliche Daten

geb. am 12.07.1975 in Heilbronn, ledig

Berufliche Entwicklung

05/2003 bis heute	Software KG, Fulda, Personalabteilung, Personalreferentin	
	Tätigkeiten:	Personalauswahl
		Personalmaßnahmen (Abordnungen, Versetzungen)
		Personalberichterstattung
		Personalentwicklungsprojekt 1: „Kompetenzaufbau“
		Personalentwicklungsprojekt 2: „Gehaltssysteme“
04/2003	Leasing GmbH, Fulda, Personalbüro, Personalsachbearbeiterin	
	Insolvenz des Arbeitgebers in 05/2003	
	Tätigkeiten:	Personalverwaltung
		Urlaubsplanung
		Gehaltsabrechnung
04/2001 bis 03/2003	Fortbildung zur Personalfachkauffrau in Vollzeit, IHK Heilbronn	
	Inhalte:	gesetzliche und tarifliche Vorschriften
		Rekrutierungsmaßnahmen
		Personalverwaltungssoftware
		Lohn- und Gehaltsabrechnung
10.03.2003	Abschluss:	Personalfachkauffrau
01/2000 bis 03/2001	Logistik GmbH, Heilbronn, Abteilung Logistik, Speditionskauffrau	
	Tätigkeiten:	Auftragsabwicklung
		Zollabwicklung
		Kollegenvertretung im Personalbüro

Ausbildung und Schulabschluss

08/1996 bis 12/1999	Ausbildung zur Speditionskauffrau bei der Logistik GmbH, Heilbronn
15.12.1999	Abschluss: Speditionskauffrau
16.07.1994	Fachhochschulreife an den Berufsschulen Heilbronn

Freiwilliges Soziales Jahr

10/1994 bis 05/1995	Caritas Stiftung „Mädchen in Not", Heilbronn, Mitarbeit im Büro

pädagogisches Geschick!

Weiterbildung

01/2004	Consulting GmbH „Implementierung von Beurteilungssystemen"
09/2003	Personalakademie „Personalkostencontrolling in der Praxis"

✓ gut!

Zusatzqualifikationen

Sprachen	Französisch (sehr gut) ✓
EDV	Excel, WinWord, PowerPoint (alle sehr gut) ✓

wichtig bei uns

Fulda, 16.03.2004

Katharina Fluck

leistungsstarke Bewerberin,
Profil könnte gut zu uns passen,

→ Vorstellungsgespräch!

Anschreiben

Überzeugend „Profilklärung am Telefon"

Wieder einmal zeigt sich, dass der Griff zum Telefon bei Initiativbewerbungen unverzichtbar ist. Frau Fluck hat zur ersten Kontaktaufnahme ein Telefonat mit der Personalleiterin, Frau Wenig, geführt. Dort konnte sie schon punkten. Frau Wenig hatte zu verstehen gegeben, dass die Bewerberin mit ihrem Profil durchaus ins Unternehmen passen würde. Diese Chance lässt sich Katharina Fluck nicht entgehen und verweist am Anfang ihres Anschreibens auf das grundsätzliche „Okay" der Personalleiterin.

Überzeugend „Passgenau"

Dieses überarbeitete Anschreiben von Frau Fluck hat Aussagekraft und ist passgenau auf die Bedürfnisse des neuen Arbeitgebers zugeschnitten. Mit Formulierungen wie *Zu meinen Aufgaben gehört sowohl die Personalverwaltung als auch die Personalentwicklung* nennt Frau Fluck ganz konkrete Tätigkeitsfelder im Personalbereich. Diese Bereiche werden sogar noch näher beschrieben. Die Bewerberin führt *Auswahlgespräche* durch und übernimmt die *Personalberichterstattung*. Das Initiativanschreiben zeigt, dass die Bewerberin sich mit ihrem Profil auseinander gesetzt hat und weiß, wie sie ihre Stärken zum Wohle des Unternehmens einsetzen kann.

Überzeugend „Stallgeruch"

Da der umworbene Arbeitgeber, das *Systemhaus ABACUSS*, in der gleichen Branche tätig ist wie der momentane Arbeitgeber, die Software KG, bringt Frau Fluck ihre Branchenerfahrung gezielt ins Spiel. Sie verweist im Anschreiben darauf, dass sie mit *den speziellen Anforderungen der Personalauswahl und -betreuung im IT-Bereich gut vertraut* ist. Damit gibt sie sich den richtigen Stallgeruch. Die angeschriebene Personalleiterin, Frau Wenig, kann erkennen, dass die Bewerberin sofort einsetzbar wäre. Frau Fluck müsste sich nicht in die besonderen Gegebenheiten einer neuen Branche einarbeiten. So könnten Zeit und Kosten gespart werden – ein echtes Einstellungsargument.

Überzeugend „Layout"

Genauso klar wie die inhaltlichen Ausführungen im Initiativanschreiben ist auch die Form. Frau Fluck hat sich für ein zeitgemäßes Layout entschieden. Der Briefkopf ist modern gestaltet und enthält alle notwendigen Kontaktdaten – auch eine private E-Mail-Adresse. Insgesamt ist das Anschreiben gut strukturiert. Hier wird die notwendige Informationsarbeit geleistet. Die Abschnitte sind in sich schlüssig und schon beim ersten Überfliegen springen wichtige Schlüsselbegriffe wie *Personalentwicklungsprojekte, Mitarbeitersteuerung, neue Gehaltssysteme, Personalverwaltung* und *Schulung von Mitarbeitern* förmlich ins Auge.

Lebenslauf

Überzeugend „Letzte Stelle zuerst"

Frau Fluck stellt den für eine Einstellungsentscheidung wichtigsten Punkt diesmal nach vorne. Mit ihrer momentanen Tätigkeit als Personalreferentin hat sie einen Trumpf in der Hand, den sie souverän ausspielt. Die Personalleiterin im umworbenen Unternehmen muss sich diesmal nicht durch irrelevante Angaben zu Grundschule und Schulwechseln kämpfen, um zum eigentlichen Qualifikationsprofil der Bewerberin durchzudringen.

Überzeugend „Ausführliche Tätigkeitsangaben“

Was Frau Fluck in den einzelnen Stationen ihrer Berufstätigkeit gemacht hat, wird nun aus den Tätigkeitsangaben deutlich. Auch vermeidet die Bewerberin es diesmal, sich unter Wert zu verkaufen. Sie hat für die Darstellung im Lebenslauf aussagekräftige Tätigkeitsangaben ausgewählt. Dabei hat Frau Fluck den ihr zur Verfügung stehenden Spielraum genutzt und diejenigen Tätigkeiten in den Vordergrund gestellt, die auch für die neue Position wichtig sind.

Überzeugend „Plausible Umorientierung“

Bewerberinnen und Bewerber, die nicht durchgehend den gleichen Beruf ausgeübt haben, unterliegen einem gewissen Begründungsbedarf. Auch hier stellt sich die Frage, warum Frau Fluck zunächst eine Ausbildung zur Speditionskauffrau durchlaufen und später eine Fortbildung zur Personalfachkauffrau aufgenommen hat. Aus diesem Grund musste Frau Fluck darauf eingehen: Im Anschreiben erwähnte sie schon, dass sie im *Rahmen einer Kollegenvertretung* während ihrer Weiterbeschäftigung im Ausbildungsbetrieb *den Personalbereich kennen und schätzen gelernt hat.* Hierdurch macht sie plausibel, dass der Personalbereich ihr Wunscharbeitsfeld ist. Im Lebenslauf ist unter *Berufliche Entwicklung* zu ersehen, dass sie sowohl die Tätigkeit als Speditionskauffrau als auch die Arbeit im Personalbüro kennen gelernt hat. Nachdem sie jedoch gemerkt hat, dass ihr die Personalarbeit mehr liegt, hat sie diese Erkenntnis konsequent in eine Fortbildung zur Personalfachkauffrau umgesetzt.

Überzeugend „Jobkrise erklärt“

Im Block *Berufliche Entwicklung* fällt die nur einen Monat lang andauernde Beschäftigung bei der *Leasing GmbH* unangenehm auf. Es stellt sich die Frage, warum Frau Fluck nach einem Monat wieder gehen musste. Um hier unnötigen Spekulationen nicht Tür und Tor zu öffnen, geht Frau Fluck geschickt in die Offensive. Sie erwähnt die Insolvenz des damaligen Arbeitgebers. So wird dem Leser klar gemacht, dass nicht ihre Arbeitsleistung in der Probezeit, sondern die wirtschaftliche Entwicklung des Unternehmens an der kurzen Beschäftigungsdauer schuld war.

Überzeugend „Argumente statt dritter Seite“

Mit ihrem tätigkeitsbezogenen Lebenslauf schafft es Frau Fluck, ein für das Wunschunternehmen interessantes Profil herauszustellen. Die Angaben im Anschreiben werden wirkungsvoll unterstützt. Auf Worthülsen und Banalitäten in Form einer dritten Seite kann die Bewerberin nun getrost verzichten. Wieder einmal zeigt sich, dass die Feinarbeit im Lebenslauf viel Wirkung zeigen kann. Die Entscheidung von Frau Fluck, auf Belanglosigkeiten auf einer dritten Seite zu verzichten und stattdessen ihr Profil in den Vordergrund zu stellen, wird sich für sie auszahlen.

Fazit

Hier liefert eine Initiativbewerberin echte Überzeugungsarbeit ab. Mit klarem Profil klopft sie an die Tür des Wunschunternehmens – und wird auf jeden Fall für ein Vorstellungsgespräch hineingelassen.

Initiativbewerbung für die Position Vertriebsassistent

In unserem zweiten Beispiel stellen wir Ihnen Heiner Lotz vor. Auch er möchte sich beruflich verändern. Als gelernter Bürokaufmann hat er im Anschluss an seine Ausbildung verschiedene Stellen im Vertriebsbereich innegehabt. Er ist dabei immer im Vertriebsinnendienst tätig gewesen, dort möchte er auch seine berufliche Entwicklung fortführen. Ein Wechsel in den Außendienst ist für ihn nicht interessant.

Herr Lotz hat sich vorgenommen, seine Initiativbewerbung besonders peppig aufzubauen. Ein Bekannter gab ihm den Tipp, dass Bewerbungen heutzutage nur Erfolg haben, wenn sie sich von der Menge abheben. Wie man diesen Tipp nun richtig umsetzt, ist Herrn Lotz zwar nicht ganz klar. Trotzdem will er einmal sein Glück probieren.

Bewerbung für eine Tätigkeit im Vertrieb von

Heiner Lotz

Oh no!

Be Inspired

Heiner Lotz
Babenhäuser Str. 32
63762 Großostheim

Firma Großhandel GmbH
Personalabteilung
Weinhäuser Allee 1A

63500 Seligenstadt

Großostheim, 15.03.2004

Bewerbung für den Vertrieb
Ihr Einstellungsbedarf

Sehr geehrte Damen und Herren,

hiermit möchte ich mich als Vertriebsexperte vorstellen. Gerne möchte ich Ihren Einstellungsbedarf an der Weinhäuser Allee 1A als 1A-Bewerber decken.

wie witzig!

In aller Kürze:

- Vertriebsprofi
- 28 Jahre alt
- langjährige Vertriebserfahrung
- durchsetzungsfähige Persönlichkeit
- kontaktstark
- belastbar
- engagiert

zu kurz

und

- motiviert!!

habe ich ja noch nie gelesen!

Meine Motivation hat an meinem jetzigen Arbeitsplatz gelitten, daher würde ich gerne für Ihr Unternehmen tätig werden. Falls ich Ihr Interesse geweckt habe, würde ich mich freuen, Sie anlässlich eines Vorstellungsgespräches besuchen zu dürfen.

Mit freundlichen Grüßen

Curriculum Vitae ? Bildungsbürger?

Zur Person

- geb. am 11.09.1976
- Geburtsort: Mainz
- Familienstand: verheiratet
- Kinder: keine
- Staatsangehörigkeit: Deutscher

Schulische Entwicklung

• Grundschule Mainz	lang ist es her!	08/1982 – 07/1986
• Realschule Mainz		08/1986 – 07/1993
• Berufliche Schulen Mainz		08/1993 – 06/1995

Ausbildung

• Ausbildung zum Bürokaufmann	08/1995 – 07/1998

Tätigkeiten

• Vertriebsmitarbeiter, Büromöbel GmbH	08/1998 – 01/1999
• Vertriebsmitarbeiter, Baugenossenschaft Häuslebau	02/1999 – 06/2002
? • arbeitslos (unverschuldet)	07/2002
• Vertriebsmitarbeiter, Baustoffhandel	08/2002 – heute

Sonstiges

Diverse Weiterbildungen welche?
gute PC-Kenntnisse
Führerschein Klasse 3 veraltet

Serienbewerbung ohne Profil

Noch heute zurück!

Deckblatt

Fehler „Folgenschwere Verwechslung!"

Herr Lotz verwechselt seine Initiativbewerbung anscheinend mit einem Werbeflyer. Bis auf einen unpassenden Werbeslogan *Be Inspired* bietet das lieblos gestaltete Deckblatt keinerlei Informationswert. Schon an dieser Stelle wird der Leser in der Personalabteilung daran zweifeln müssen, dass die folgenden Unterlagen wirklich inspirierend sein werden.

Fehler „Standarddeckblatt"

Welche Tätigkeit im Vertrieb strebt Herr Lotz eigentlich an? Will er ein Praktikum ableisten, eine Ausbildung beginnen, als Berufseinsteiger anfangen oder eine Leitungsfunktion übernehmen? Das Deckblatt liefert dazu keine Hinweise. Zudem ist es auch nicht auf den Empfänger zugeschnitten. So hat der professionelle Leser schon zu Beginn den Eindruck, es handle sich um eine Massensendung und nicht um eine individuell ausgearbeitete Initiativbewerbung.

Fehler „Schlechtes Layout"

Alle drei Zeilen auf dem Deckblatt sind unterschiedlich formatiert. Ganz oben findet sich eine gesperrt gedruckte Zeile, der Name ist ohne Sperrung fett gedruckt. Die übergroße Schrift wirkt anmaßend, der Bewerber scheint eher eine Personality-Show abliefern zu wollen, als eine detaillierte Darstellung seiner Qualifikation anzubieten.

Anschreiben

Fehler „Mangelnde Kontaktfreude"

Es wirkt seltsam, dass Herr Lotz zuerst marktschreierisch auftritt und „viel Wind macht", dann aber im Anschreiben schon einbricht. Er hat keine telefonische Kontaktaufnahme angegeben. Gerade wenn er sein Vertriebstalent herausstellen will, sollte er jedoch in der Lage sein, ein Telefonat vorab souverän über die Bühne zu bringen. Warum scheut er ein Telefongespräch mit dem umworbenen Unternehmen? Auch eine private E-Mail-Adresse fehlt. Das wirft die Frage auf, ob Computer vielleicht ein Buch mit sieben Siegeln für Herrn Lotz sind.

Fehler „Oberflächlich"

Das Anschreiben erweckt in keiner Zeile den Eindruck, dass der Bewerber sich mit der Wunschposition auseinander gesetzt hat. Mit diesem oberflächlichen Anschreiben könnte er sich für alle möglichen Vertriebstätigkeiten bewerben. Hier setzt sich der Fehler fort, den Herr Lotz schon mit dem Deckblatt begangen hat. Er scheint keine Antwort auf die Frage zu wissen „Wo wäre dieser Bewerber am sinnvollsten einzusetzen?". Damit verspielt er die Bereitschaft des Personalverantwortlichen, überhaupt in eine nähere Prüfung der Initiativbewerbung einzusteigen.

Fehler „Schlechter Gag"

Humor ist im Bewerbungsverfahren grundsätzlich fehl am Platze. Schließlich muss ein Unternehmen einen nicht unerheblichen Geldbetrag in einen neuen Mitarbeiter investieren. Dafür erwartet es die entsprechende Ernsthaftigkeit bei der Darstellung des Bewerberprofils. Ein billiger Lacher wie *Gerne möchte ich Ihren Einstellungsbedarf an der Weinhäuser Allee 1A als 1A-Bewerber decken* bringt keine Sympathie, sondern weckt eher Zweifel an der Seriosität des Bewerbers.

Fehler „Aufzählung statt Erläuterung“

Die Auflistung einiger Stichworte genügt nicht. Dass Herr Lotz Aufzählungspunkte verwendet, zeigt noch lange nicht, dass er auch auf den Punkt kommen kann. Die viel zu knappen Angaben lassen eher vermuten, dass er unsicher in der Darstellung seines eigenen Profils ist. Daher wirkt sein Selbstmarketing wenig überzeugend. Nicht zuletzt auch deshalb, weil Beispiele aus der Berufspraxis fehlen. Der abgehakte Kommunikationsstil empfiehlt sich nicht gerade für einen kommunikationsstarken Vertriebsprofi.

Lebenslauf

Fehler „Form nicht im Griff“

Auf den ersten Blick springen formale Fehler ins Auge. Die Anschrift von Herrn Lotz fehlt auf dem Lebenslauf ebenso wie die persönliche Unterschrift. Die Tatsache, dass kein Erstellungsort und -datum angegeben sind, lässt darauf schließen, dass der Bewerber wohl Lebensläufe auf Halde produziert, die er nun mehr oder weniger wahllos verschickt.

Fehler „Die Luft ist raus“

Beim Lebenslauf geht Herrn Lotz die Luft endgültig aus. Achtlos reiht er einige Standardangaben aneinander. Auffällig ist hierbei, dass die Punkte, die nicht für eine Einstellung relevant sind, sogar übergewichtet werden. Dazu gehören die Angaben *Kinder: keine, Grundschule Mainz, Realschule Mainz* und *arbeitslos.* Auf das informationsarme Anschreiben folgt nun ein ebenso inhaltsleerer Lebenslauf.

Fehler „Stärken bleiben im Dunkeln“

Zwar listet Herr Lotz berufliche Stationen auf. Er geht jedoch an keiner Stelle näher auf die ausgeübten Tätigkeiten ein. Womit er bei den bisherigen Arbeitgebern beauftragt worden ist, erschließt sich nicht aus seinen Angaben. Kritisch ist auch die dreimalige Tätigkeitsbezeichnung *Vertriebsmitarbeiter.* Herr Lotz scheint sich in seiner beruflichen Laufbahn nicht weiterentwickelt zu haben. Ein individuelles Bewerberprofil ist nicht einmal ansatzweise zu erkennen. Auch der Block *Sonstiges* wirft mehr Fragen auf, als er Antworten liefert. Über welche *PC-Kenntnisse* verfügt Herr Lotz, und welche Weiterbildungsseminare hat er besucht?

Fehler „Nebelwerfer“

Warum Herr Lotz seinen Lebenslauf *Curriculum Vitae* nennt, wird sein Geheimnis bleiben. Es drängt sich jedoch der Eindruck auf, dass er versucht, damit von seinem mangelhaft dargestellten Profil abzulenken. Hier schließt sich der Kreis: Auf seinem Deckblatt hatte er mit dem englischen Slogan *Be Inspired* operiert, nun gibt er mit den alten Römern an. Nur zur Darstellung des eigenen Profils findet Herr Lotz nicht.

Fazit

Absage.

Dass seine Bewerbung aus der Masse herausragt, hat Herr Lotz inzwischen erkannt. Leider musste er anhand der Absagen feststellen, dass sie wohl eher negativ aus dem Rahmen fällt. Der Tipp seines Bekannten war nicht wirklich hilfreich. Um mit seinen Initiativbewerbungen zukünftig zu punkten, hat er nun Vorarbeit geleistet und ein Stellenprofil erstellt.

Stellenprofil Vertriebsassistent

Aufgaben in Stellenanzeige 1
- Angebotserstellung
- Marktforschung

Geforderte fachliche Kenntnisse in Stellenanzeige 1
- Berufserfahrung im Vertriebsinnendienst
- kaufmännische Ausbildung

Geforderte Soft Skills in Stellenanzeige 1
- verhandlungssicher
- Beratungskompetenz

Aufgaben in Stellenanzeige 2
- Erstellung von Präsentationen
- Stützung des Außendienstes

Geforderte fachliche Kenntnisse in Stellenanzeige 2
- Erfahrung in der Verkaufsförderung
- Draht zum Marketing

Geforderte Soft Skills in Stellenanzeige 2
- Lernbereitschaft
- Teamfähigkeit

Auch Herr Lotz hat nach seiner Beschäftigung mit dem Stellenprofil keine Scheu mehr davor, sich mit einem Telefongespräch beim Wunschunternehmen ins Gespräch zu bringen. Er hat vom Personalverantwortlichen, Herrn Diecke, die nachfolgenden wichtigen Tipps für seine Initiativbewerbung bekommen.

Zusatzinformationen aus dem Telefonat

- Vertriebs- und Marketingerfahrung
- Erfolgskontrolle von Werbemaßnahmen

Auf der Basis des Stellenprofils und der Zusatzinformationen lässt sich die Initiativbewerbung nun passgenau ausarbeiten.

Heiner Lotz, Babenhäuser Str. 32, 63762 Großostheim
Telefon: (0 60 26) 116 49 91, E-Mail: heiner.lotz@web.de

Okay!

**Initiativbewerbung als Vertriebsassistent
bei der Großhandel GmbH & Co. KG**

Heiner Lotz, Babenhäuser Str. 32, 63762 Großostheim
Telefon: (0 60 26) 116 49 91, E-Mail: heiner.lotz@web.de

Großhandel GmbH & Co. KG
Bereich Personal
Herrn Diecke
Weinhäuser Allee 1A

63500 Seligenstadt

Großostheim, 15.03.2004

Initiativbewerbung als Vertriebsassistent
Unser Telefongespräch vom 12.03.2004

Sehr geehrter Herr Diecke,

vielen Dank für Ihr Interesse an meiner Bewerbung. Wie bereits am Telefon besprochen, arbeite ich zur Zeit an der Schnittstelle zwischen Vertrieb und Marketing. Zur Weiterentwicklung von Kundenbeziehungen habe ich zielgruppenangepasste Präsentationskonzepte für den Außendienst erarbeitet. Neben der Unterstützung der Vertriebsmannschaft bin ich auch für die Beratung von Kunden und Geschäftspartnern zuständig. ✓ passt !

Momentan arbeite ich als Vertriebsmitarbeiter im Innendienst. Neben der Angebotserstellung und der Kalkulation koordiniere ich Marketing- und Sales-Aufgaben. Dazu gehört die Entwicklung und Umsetzung von Konzepten zur Verkaufsförderung und die Erfolgskontrolle der eingesetzten Werbemaßnahmen. Ich arbeite eng mit den Kunden zusammen und berücksichtige bei Werbeaktionen deren individuelle Wünsche und Möglichkeiten. ✓ okay !

Vor meiner jetzigen Position war ich als Vertriebs- und Marketingassistent tätig. Zu meinen Hauptaufgaben gehörte die Projektkoordination, die Vorbereitung und Durchführung von Präsentationen und die Auswertung von Marktforschungsdaten. Basis meiner beruflichen Entwicklung ist meine Ausbildung zum Bürokaufmann. ✓ ✓ wichtig für uns

Um den Ausbau meiner Kenntnisse habe ich mich stets aktiv gekümmert. Ich spreche gut Englisch und beherrsche das MS-Office-Paket sicher. Über eine Einladung zum Vorstellungsgespräch würde ich mich freuen.

Mit freundlichen Grüßen

Anlagen

Heiner Lotz, Babenhäuser Str. 32, 63762 Großostheim
Telefon: (0 60 26) 116 49 91, E-Mail: heiner.lotz@web.de

Persönliche Daten

geb. am 11.09.1976 in Mainz
verheiratet

Berufliche Entwicklung

08/2002 – heute **Vertriebsmitarbeiter im Innendienst** bei der Baustoffhandel KG, Süderstadt
Tätigkeiten: Angebotserstellung, Koordination von Marketing- und Sales-Aufgaben, Weiterentwicklung von Geschäftsbeziehungen

brauchen wir

02/1999 – 06/2002 **Vertriebs- und Marketingassistent** bei der Baugenossenschaft Häuslebau e.G., Kleinostheim
Tätigkeiten: Auswertung von Marktforschungsdaten, Projektverfolgung, Erstellung von Präsentationsunterlagen

08/1998 – 01/1999 **Vertriebsassistent** bei der Büromöbel GmbH, Mainz
Tätigkeiten: Angebotskalkulation, Angebotserstellung, Kundenberatung, Aufbereitung von Verkaufszahlen

Ausbildung und Schule

08/1995 – 07/1998 Ausbildung zum **Bürokaufmann** bei der Büromöbel GmbH, Mainz
01.07.1998 **Bürokaufmann,** Note gut
15.06.1995 **Fachhochschulreife** an den Beruflichen Schulen IV, Wirtschaft, Mainz

Heiner Lotz, Babenhäuser Str. 32, 63762 Großostheim
Telefon: (0 60 26) 116 49 91, E-Mail: heiner.lotz@web.de

Weiterbildung

09/2003	Sales Akademie, Frankfurt: **Datenbankaufbau für das Direktmarketing**
03/2003	Karriereakademie, Bredenbek: **Überzeugende Rhetorik**
05/2002	IHK Frankfurt: **PowerPoint-Präsentationen**
04/2000	Wirtschaftsakademie, Mainz: **Kostenrechnung in der Praxis** ✓ bleibt am Ball

Zusatzqualifikationen

Sprachen	Englisch (gut)
EDV-Kenntnisse	MS-Office (ständig in Anwendung)
	Datenbanken (sehr gut)
	Internetrecherche (sehr gut) ✓ okay

Großostheim, 15.03.2004

– ansprechende Unterlagen
– gutes Profil

→ unbedingt einladen!

Deckblatt

Überzeugend „Ausstrahlung"

Mit dem Bewerbungsfoto gleich auf dem Deckblatt setzt sich Herr Lotz gut „ins Bild". Es zeigt sich, dass er für seine Initiativbewerbung Zeit und Geld investiert hat, denn er hat ein gutes Foto anfertigen lassen. Gerade in Positionen mit Kundenkontakt, wie im Vertrieb, spielt der persönliche Eindruck eine große Rolle. Herr Lotz schafft es mit seinem Deckblatt, den wichtigen ersten Eindruck positiv zu gestalten.

Überzeugend „Individuelle Ansprache"

Die Bildunterschrift *Initiativbewerbung als Vertriebsassistent bei der Großhandel GmbH & Co. KG* verweist auf eine konkrete Einsatzmöglichkeit und ist von Herrn Lotz individuell auf das umworbene Unternehmen zugeschnitten worden. Er stellt schon auf dem Deckblatt die Position heraus, die er anstrebt. Das Deckblatt ist zum einen ganz klar nur für das ausgeschriebene Unternehmen gefertigt - und somit keine Einleitung zum Bewerbungsrundschreiben - und zum anderen kann der Personalprofi erkennen, dass Herr Lotz weiß, was er will.

Anschreiben

Überzeugend „Gute Gestaltung"

Die gute Gestaltung des Deckblattes setzt sich beim Anschreiben fort. Auch hier ist eine gute Blattaufteilung gewählt. Herr Lotz bringt die Ausführungen über seine beruflichen Erfahrungen in einer lesefreundlichen Form unter. Die Kopfzeile ist etwas ungewöhnlich, passt aber zum Gesamtbild des Anschreibens, da sie wie auf dem Deckblatt positioniert ist. Diesmal hat Herr Lotz auch Telefonnummer und E-Mail-Adresse für die schnelle Kontaktaufnahme angegeben.

Überzeugend „Persönlicher Ansprechpartner"

Dass diese Initiativbewerbung individuell aufbereitet worden ist, macht auch das Anschreiben deutlich. Es ist an einen persönlichen Ansprechpartner im Unternehmen gerichtet, der vorab recherchiert worden ist. Auch ein Telefongespräch hat stattgefunden. Der Bewerber verweist in der Betreffzeile auf dieses Telefonat, um die Erinnerung des Personalverantwortlichen aufzufrischen. So stimmt er den Adressaten seiner Bewerbungsmappe wohlwollend auf die weitere Prüfung ein.

Überzeugend „Anschreiben mit Profil"

Herr Lotz arbeitet im Anschreiben konsequent sein berufliches Profil heraus. Er stellt heraus, dass er neben Vertriebsaufgaben wie der *Unterstützung der Vertriebsmannschaft* auch den *Marketingbereich* mitbetreut hat. Die aktive Gestaltung von Kundenbeziehungen durch *zielgruppenangepasste Präsentationskonzepte* unterscheidet ihn zudem deutlich von durchschnittlichen Bewerbern auf diese Position.

Überzeugend „Entwicklung"

Im Anschreiben skizziert Herr Lotz auch seine berufliche Entwicklung. Es gelingt ihm gut, einen roten Faden in seiner Entwicklung aufzuzeigen. Dadurch wird auch klar, dass die Initiativbewerbung im Vertriebsbereich keine Verlegenheitslösung ist. Dieser Bewerber hat eindeutige Stärken in der Bewältigung von Vertriebsaufgaben.

Lebenslauf

Überzeugend „Klare Führung"

Der Leser wird von Herrn Lotz gut durch den Lebenslauf geführt. Die eingefügten Linien über den jeweiligen Blocküberschriften strukturieren den Lebenslauf, ohne störend zu wirken. Schnell kommt der Bewerber auf das Wesentliche: seine berufliche Entwicklung. Die für eine Einstellungsentscheidung wesentlichen Informationen sind diesmal an den Anfang des Lebenslaufes gestellt worden.

Überzeugend „Qualifizierter Bewerber"

Auf die Darstellung seiner Berufserfahrung verwendet Herr Lotz in dieser Version seines Lebenslaufes mehr Mühe. Zu jeder beruflichen Station sind neben dem Arbeitgeber die genauen Tätigkeitsbezeichnungen und ausgewählte Aufgabengebiete angegeben. Die stichwortartige Nennung bisheriger Arbeitsinhalte zeigt schnell die prinzipielle Eignung als Vertriebsassistent. Sein berufliches Profil bleibt nicht mehr im Dunkeln. Der Leser in der Personalabteilung kann klar erkennen, dass Herr Lotz Routineaufgaben wie *die Angebotskalkulation, die Angebotserstellung* sowie *die Auswertung von Marktforschungsdaten und Verkaufszahlen* sicher im Griff hat. Daneben wird sichtbar, dass Herr Lotz auch komplexere Aufgaben bewältigen kann. Hat er doch bereits *Marketing- und Sales-Aufgaben* koordiniert und *Geschäftsbeziehungen* weiterentwickelt.

Überzeugend „Lern- und leistungsbereit"

In regelmäßigen Abständen hat Herr Lotz an Weiterbildungsveranstaltungen teilgenommen. Im Block *Weiterbildung* führt er die Seminare mit einem aussagekräftigen Titel auf und nennt auch den jeweiligen Seminarveranstalter. Alle aufgeführten Weiterbildungen passen gut zur angestrebten Position und haben sich sicherlich auch im bisherigen Berufsalltag von Herrn Lotz positiv ausgewirkt. Lernbereite Bewerber, die noch nicht zum geistigen Stillstand gekommen sind, sind bei den Unternehmen gern gesehen.

Überzeugend „Passende Zusatzqualifikationen"

Sein Profil rundet der Bewerber mit geeigneten Zusatzqualifikationen ab. Auf schwammige Formulierungen wie *PC-Kenntnisse* und *diverse Weiterbildungen* verzichtet er nun. Stattdessen wird die Beherrschung des *MS-Office-Paketes* herausgestellt. Auch der sichere Umgang mit *Datenbanken* wird aufgeführt.

Fazit

Kaum zu glauben, dass es sich um den gleichen Bewerber wie im Negativbeispiel handelt. Die verbesserte Version der Initiativbewerbung von Herrn Lotz zeigt eindringlich, was intensive Detailarbeit bewirken kann. Mit diesen Unterlagen wird ihm eine Einladung zum Vorstellungsgespräch sicher sein.

Initiativbewerbung für die Position Produktmanager

Bernd Rips möchte mit seiner Initiativbewerbung auf der Karriereleiter eine Sprosse höher klettern. Die wirtschaftliche Situation bei seinem momentanen Arbeitgeber ist schlecht. Er möchte das sinkende Schiff verlassen, bevor es zu spät ist.

Da er am Arbeitsplatz einiges zu tun hat, meint er, seine Initiativbewerbung mit der heißen Nadel stricken zu können. Dafür hat er sich an seine früheren beruflichen Erfahrungen aus einer Werbeagentur erinnert. Warum sollte man sich nicht die mühsame Bewerbungsarbeit sparen können? Vielleicht klappt es ja mit den richtigen Werbeslogans. Um der Initiativbewerbung dennoch etwas Substanz zu geben, hat sich Herr Rips für eine dritte Seite entschieden, mit der er den „Winning-Point" für eine Einladung zum Vorstellungsgespräch erzielen will. Ob dieser Versuch des Selbstmarketings geklappt hat, sehen Sie auf den folgenden Seiten.

Bernd Rips
Littenstraße 28
10779 Berlin

Tel. geschäftlich 030 / 450 213 - 19

Atlantis Promotion GmbH
Am Wannsee 55

14109 Berlin

Initiativbewerbung ← welche Position?

Hallo kreatives Werbeteam,

ich möchte frischen Wind in Ihr Unternehmen bringen. Wir alle wissen ja, wie wichtig das richtige Giveaway sein kann. Lassen Sie mich meine Kompetenz und meine Erfahrung einbringen, um die Atlantis Promotion GmbH nach vorne zu bringen. Anmaßend!

Der Werbeartikelmarkt ist momentan sicherlich schwierig. Mit verstaubten Produkten lässt sich da kein Blumentopf gewinnen. Nur wer sich seine Jugendlichkeit bewahrt hat, wird im dynamischen Werbemarkt bestehen können. ?

keine Belege

Als Produktprofi verfüge ich natürlich über den notwendigen Erfahrungsschatz. Ich bin engagiert, kommunikationsstark und motiviert. Und was mich besonders auszeichnet: Ich gebe auch bei Gegenwind nicht sofort auf. Leider unterstützt mein momentaner Arbeitgeber mich nicht mehr in dem notwendigen Maße, um meine kreative Ader anzuregen. Daher möchte ich dringend den Job wechseln.

gekündigt?

Ich freue mich auf eine abwechslungsreiche und herausfordernde Tätigkeit bei Ihnen ?

Mit kollegialen Grüßen, Ihr

So schnell geht das nicht!

Bernd Rips

Bernd Rips
Littenstraße 28
10179 Berlin

Tel. + Email?

Was will er?

Lebenslauf

Formales:
geboren wurde ich am 9. Juli 1974 in Berlin

Pflicht:

August 1980 bis Juli 1991	Realschule mit Abschluss
September 1991 bis Juli 1994	Ausbildung zum Werbekaufmann mit Abschluss

Kür:

Juli 1994 bis September 1994	Agentur X-Treme, Mädchen für alles ?
Oktober 1994 bis März 1997	Die WerbeProfis, Individuelle Produkte rund ums Büro, Werbemanager
Juli 1997 bis August 2000	Einkäufer für Werbeprodukte, Großhandel und Versand GmbH
September 2000 bis September 2004	Mitarbeiter im Produkt-Management, Get It GmbH & Co. KG

als Praktikant?

Besessen von:
der ständigen Suche nach der pfiffigen Idee

durchgeknallt?

Bernd Rips

Lassen Sie sich mein Potenzial vor Augen führen:

Ich kann ...

– in innovativen und dynamischen Umfeldern die Dinge in Bewegung bringen.
– Produktideen eigenverantwortlich zum Erfolg führen.
– Kompetenzen bündeln und andere mitreißen.

null Argumente!

Ich bin ...

– Produktprofi mit Herz und Verstand.
– erfahren in allen Belangen der Werbung.
– kommunikationsstark und finde den Weg zum Gegenüber.
– motiviert.

Ich will ...

– die neue Herausforderung bewältigen.
– interessante Aufgaben bearbeiten.
– für die Atlantis Promotion GmbH arbeiten.

kein Potenzial zu erkennen!
Dünnbrettbohrer!

Selbstmarketing – Arbeitsprobe ⟹ durchgefallen!

Anschreiben

Fehler „Kumpelhafte Vertraulichkeit“

Auch wenn in manchen Branchen der Umgangston am Arbeitsplatz lockerer als in anderen ist, gelten im Bewerbungsverfahren doch andere Regeln. Ganz besonders unangenehm fällt der kumpelhafte Ton von Herrn Rips deswegen auf, weil Anbiederung seine einzige Bewerbungsstrategie ist. Die Anrede *Hallo kreatives Werbeteam* ist genauso unpassend wie die Schlussformel *Mit kollegialen Grüßen.* Der Bewerber verkennt, dass er noch lange nicht in seinem Wunschunternehmen beschäftigt ist. Er bewirbt sich als Außenstehender, der erst einmal überzeugen muss, bevor er in den Firmenkreis aufgenommen wird.

Fehler „Ein Kreativer im Leerlauf“

Mangelndes Profil versucht Herr Rips durch Sprücheklopferei wettzumachen. Auch wenn er sich wirklich *seine Jugendlichkeit bewahrt hat* – was sollen Personalverantwortliche aus Phrasen wie dieser herauslesen? Vielleicht jugendlichen Leichtsinn? Dass Herr Rips sich tatsächlich im Leerlauf befindet, lässt schon die Angabe seiner geschäftlichen Telefonnummer erahnen. Damit aber nicht genug, er gibt Probleme am momentanen Arbeitsplatz preis mit dem Satz *Leider unterstützt mein momentaner Arbeitgeber mich nicht mehr …* . Spätestens hier wird jeder Leser aufhorchen.

Lebenslauf

Fehler „Aufbau“

Die Gliederung des Lebenslaufes in Blöcke mit den Überschriften *Formales, Pflicht, Kür* und *Besessen von* macht von Anfang an stutzig. Wer will schon einen Besessenen im Team haben? Wie der Leser aus dem Anschreiben weiß, ist Herr Rips mit seiner Strategie ja auch schon bei seinem momentanen Arbeitgeber gescheitert. Die unpassenden Überschriften lassen diesen Bewerber von Anfang an als schwierig erscheinen.

Fehler „Arbeit nach dem Lustprinzip“

Leider sind auch die Angaben unter den Überschriften im Lebenslauf nicht besonders hilfreich dabei, ein berufliches Profil zu erkennen. Es sieht so aus, als hätte sich Herr Rips nach seinem Ausbildungsabschluss immer irgendwie durchgeschlagen. Welche Aufgaben er konkret bearbeitet hat, ist leider nicht ersichtlich. Auch seine Stärken lassen sich nicht erkennen. Nur einmal macht Herr Rips eine Tätigkeitsangabe: *Mädchen für alles* gewesen zu sein ist aber wirklich keine Empfehlung für einen qualifizierten Mitarbeiter.

Dritte Seite

Fehler „Sprüche statt Praxisbeispiele“

Es ist kennzeichnend für Bewerber, die weder im Anschreiben noch im Lebenslauf etwas zu sagen haben, dass sie auf einer dritten Seite versuchen, das Ruder herumzureißen. Aber auch das misslingt Herrn Rips gründlich. Obwohl es in der Überschrift versprochen wird, gibt es keine Antworten auf die Frage, was der Bewerber kann, wer er ist und was er beruflich will.

Fazit

Kurz überfliegen und ab in den Papierkorb!

Herr Rips hat zu seinem Leidwesen feststellen müssen, dass auch im Bewerbungsverfahren die „Produktqualität" eine Rolle spielt. Personalverantwortliche lassen sich nicht blenden. Sie suchen den Kern des Qualifikationsprofils, um dann zu entscheiden, ob die Einstellung des Bewerbers ein Gewinn für das Unternehmen wäre. Bisher war aus der Bewerbung von Bernd Rips leider kein Qualifikationsprofil herauszulesen. Man konnte noch nicht einmal erkennen, für welche Stelle er sich mit seiner Initiativbewerbung überhaupt ins Gespräch bringen wollte. Herr Rips hat seinen Fehler erkannt und geht diesmal kompetenter vor.

Stellenprofil Senior-Produktmanager

Aufgaben in Stellenanzeige 1
- Sortimentspflege
- Gestaltung des Produktportfolios

Geforderte fachliche Kenntnisse in Stellenanzeige 1
- Studium oder kaufmännische Ausbildung
- Marktbeobachtung und -analyse

Geforderte Soft Skills in Stellenanzeige 1
- Ergebnisorientierung
- Vermittlungskompetenz

Aufgaben in Stellenanzeige 2
- Lieferantenauswahl
- Einkaufsverhandlungen

Geforderte fachliche Kenntnisse in Stellenanzeige 2
- Erfahrungen im Einkauf
- internationale Berufserfahrung

Geforderte Soft Skills in Stellenanzeige 2
- Leistungswille
- Überzeugungskraft

Um seine Kontaktstärke in Szene zu setzen, telefoniert Herr Rips mit dem Geschäftsführer der Atlantis Promotion GmbH, Herrn Wischmann, den er als Geschäftspartner in seiner momentanen Position kennen gelernt hat. Herr Wischmann zeigt generelles Interesse und gibt ihm zusätzlich die folgenden zwei Anforderungen mit auf den Weg, die für ihn unverzichtbar sind.

Zusatzinformationen aus dem Telefonat

- Konzeption und Umsetzung von Kostensenkungsprogrammen
- Erfahrung in der Projektleitung

Etwas mehr Arbeit muss Herr Rips diesmal durchaus in seine Initiativbewerbung investieren. Dass sich seine Bemühungen gelohnt haben, sehen Sie auf den folgenden Seiten.

Bernd Rips
Littenstraße 28
10779 Berlin

Telefon 030 / 606 75 45, mobil 0172 / 123 45 67
E-Mail: b.rips@t-online.de

Atlantis Promotion GmbH
Geschäftsleitung
Herr Wischmann
Am Wannsee 55

14109 Berlin

Berlin, 08.04.2004

Initiativbewerbung als Senior-Produktmanager
Unser Telefongespräch von heute

Sehr geehrter Herr Wischmann,

wie bereits am Telefon besprochen, möchte ich mich vom Angestellten im Produktmanagement zum Senior-Produktmanager weiterentwickeln. Auch in meinen bisherigen Aufgaben im Produktmanagement habe ich bereits Leitungsfunktionen wahrgenommen. So habe ich in einem Projekt zur Neuordnung des Produktportfolios eine bessere Synergie zwischen Einkauf, Marketing und Vertrieb hergestellt. Bei der Lieferantenauswahl habe ich selbstständig Preisverhandlungen durchgeführt und auch international neue Zulieferer engagiert.

Momentan betreue ich die Neuausrichtung der Get It GmbH & Co. KG. Es galt, das Sortiment in Richtung auf höherwertige Artikel umzustrukturieren. Diese Aufgabe ist nicht zuletzt auch wegen der besonderen Anstrengungen im Produktmanagement bewältigt worden. In den letzten beiden Jahren konnte jeweils ein zweistelliger Umsatzzuwachs bei gleichzeitiger Erhöhung der Gewinnspanne realisiert werden.

klingt interessant!

Neben der Erfahrung im Produktmanagement bringe ich auch Berufserfahrung im Einkauf und Agenturerfahrung mit. Eingestiegen in meine berufliche Entwicklung bin ich mit einer erfolgreich abgeschlossenen Ausbildung zum Werbekaufmann.

spannend!

Wichtige, von mir betreute berufliche Projekte habe ich auf einer Extraseite für Sie zusammengestellt. Über die Einladung zu einem Vorstellungsgespräch würde ich mich freuen.

Mit freundlichen Grüßen

Bernd Rips

Anlagen

Bernd Rips
Littenstraße 28
10779 Berlin

Telefon 030 / 606 75 45, mobil 0172 / 123 45 67
E-Mail: b.rips@t-online.de

Persönliches
geb. am 09.07.1974
Geburtsort: Berlin
ledig

Lebenslauf

Berufliche Stationen

09/2000 – heute	Get It GmbH & Co. KG, Potsdam, Kaufmännischer Angestellter im Produktmanagement – Sortimentspflege, Lieferantenrecherche, Marktbeobachtung, Marktanalysen, Sondierung von Kundenwünschen, Absatzkontrolle
07/1997 – 08/2000	Großhandel und Versand GmbH, Berlin, Einkäufer – Aufbau von Lieferantenbeziehungen, Qualitätskontrolle, Durchführung von Kostensenkungsprogrammen, Neuordnung des Produktportfolios
04/1997 – 06/1997	B2B GmbH, Berlin, Internetvertrieb von Werbemitteln, Start-up-Consultant
10/1994 – 03/1997	Die WerbeProfis, Berlin, Werbemanager – Erarbeitung von Werbekonzepten, Gestaltung von Kundenbeziehungen, Kampagnenpräsentation
07/1994 – 09/1994	Agentur X-Treme, Berlin, Werbekaufmann – Terminplanung, Akquisition

Ausbildung und Schule

09/1991 – 07/1994	Agentur X-Treme, Berlin, Ausbildung zum Werbekaufmann
17.07.1994	Werbekaufmann
02.07.1991	Mittlere Reife an der Friedrich-Junge-Realschule

Berlin, 08.04.2004

Bernd Rips

Bernd Rips
Littenstraße 28
10779 Berlin

Telefon 030 / 606 75 45, mobil 0172 / 123 45 67
E-Mail: b.rips@t-online.de

Berufliche Erfolge

Neudefinition der Zielgruppen bei der Get It GmbH & Co. KG

Im Rahmen der Sortimentspflege habe ich eine Neuausrichtung von Get It durchgeführt. Der Fokus lag auf der Eroberung anspruchsvoller Zielgruppen. Ich habe intensive Marktforschung betrieben, um die Neuausrichtung auf eine tragfähige Basis zu stellen. Die qualitativ hochwertigeren Werbeartikel machten natürlich auch eine Neuauswahl der Lieferanten notwendig. Der gestiegene Qualitätsanspruch der Werbeartikel verschaffte meinem Arbeitgeber eine starke Stellung im Markt. Trotz einer geringeren Artikelanzahl stieg der Umsatz in den Jahren 2002 und 2003 jeweils zweistellig. Auch die Gewinnspanne konnte entscheidend vergrößert werden.

Neuordnung Produktportfolio bei der Großhandel und Versand GmbH

Durch die Neuordnung des Produktportfolios konnte ich die Aktivitäten im Unternehmen bündeln. Aus dem bisher unstrukturierten Angebot an Lifestyle-Produkten aus dem asiatischen Raum habe ich die Produktkategorien Küche, Wellness und Geschenke herausgearbeitet. Jeder Bereich bekam seinen eigenen Katalog. Die Kundenresonanz zeigte, dass wir mit der Neustrukturierung unserer Angebote einen Trend getroffen hatten.

Kostensenkungsprogramm bei der Großhandel und Versand GmbH

Obwohl die Großhandel und Versand GmbH in der Firmenbezeichnung das Wort Großhandel führte, bezog sie ihre Waren überwiegend selbst über Zwischenverkäufer. Ich habe in drei mehrwöchigen Asienaufenthalten Direktlieferanten für das Unternehmen recherchiert. Die erzielten Preisvorteile verschafften uns eine starke Marktstellung.

informative Zusatzseite!

Gut informierter Bewerber
mit prima Profil!

Termin für Gespräch
vereinbaren!

Anschreiben

Überzeugend „Fakten, Fakten, Fakten"

In der neuen Version des Anschreibens versteckt sich Herr Rips nicht mehr hinter plumpen Sprüche , sondern gibt konkrete Informationen über seinen beruflichen Hintergrund. Er erläutert bisherige Aufgaben, weist auf spezielle Projekte hin, in denen er Verantwortung übernommen hat. Wichtige Schlagworte wie *Projekt zur Neuordnung des Produktportfolios, Neuausrichtung, Lieferantenauswahl* und *Preisverhandlungen* werden genannt und machen die konkreten beruflichen Erfahrungen von Herrn Rips im Produktmanagement sichtbar.

Überzeugend „Plausibler Wechselgrund"

Herr Rips verheimlicht nicht, warum er wechseln möchte: Er möchte aufsteigen. Vom *Angestellten im Produktmanagement* will er sich zum *Senior-Produktmanager* weiterentwickeln. Dieser Wunsch bedarf natürlich einer Begründung, die Herr Rips auch liefert. Er arbeitet heraus, dass er nicht nur fachliche Aufgaben im Produktmanagement betreut hat, sondern auch *Leitungsfunktionen wahrgenommen* hat. Bisher hatten diese Führungsaufgaben jedoch nur Projektcharakter. Zukünftig möchte Herr Rips durchgehend mehr Verantwortung übernehmen. Warum dies in seiner jetzigen Firma nicht möglich ist, muss er überhaupt nicht erläutern. Arbeitgeberschelte hat Herr Rips nicht nötig.

Überzeugend „Kontaktstärke"

Dass die gefragte Kontaktstärke, die ein Produktmanager mitbringen muss, bei Herrn Rips nicht nur in den Unterlagen steht, macht schon die Unternehmensanschrift deutlich. Herr Rips hat es geschafft, zur Geschäftsleitung vorzudringen, um bei dem Geschäftsführer, Herrn Wischmann, sein berufliches Profil bekannt zu machen. Neben der Kontaktstärke gehören wohl auch Engagement, Beharrlichkeit und kommunikatives Geschick zu dem Soft Skill-Potenzial des Bewerbers.

Überzeugend „Unternehmerisches Denken"

In wirtschaftlich schwierigen Zeiten reagieren alle Geschäftsführer auf Schlagworte wie *Umsatzzuwachs* und *Erhöhung der Gewinnspanne*. Herr Rips stellt diesmal ganz auf den Nutzen ab, den seine Qualifikationen dem Unternehmen bringen können. Die Schlüsselqualifikation unternehmerisches Denken wird zwischen den Zeilen erkennbar.

Lebenslauf

Überzeugend „Informationen verdichtet"

Knapp, aber aussagekräftig beschreibt Herr Rips seine bisherigen beruflichen Aufgaben. Insbesondere seine Tätigkeitsangaben fehlen diesmal nicht mehr. Mit einer gut ausgewählten Darstellung der einzelnen beruflichen Stationen schafft es der Bewerber auch, seine Entwicklung zu immer anspruchsvolleren Aufgaben nachzuzeichnen. Schon hier sind seine Bereitschaft und sein Wille zum Aufstieg zu erkennen. Für Personalverantwortliche wird der wichtige rote Faden im Lebenslauf des Bewerbers ersichtlich.

Überzeugend „Form follows function"

Herr Rips möchte zwar nicht als kreativer Werber, sondern als Senior-Produktmanager bei der Atlantis Promotion GmbH einsteigen, aber er zeigt, dass er weiß, wie Werbung in eigener Sache formvollendet betrieben wird. Sein Lebenslauf kommt auf den Punkt. Weitere Erläuterungen liefert er in der Leistungsbilanz, auf die er schon im Anschreiben hingewiesen hat. Die fehlenden Angaben zu EDV- und Sprachkenntnissen wird man ihm ausnahmsweise nachsehen.

Überzeugend „Lücke geschlossen"

Personalprofis sind Meister darin, um im Lebenslauf der Bewerber Lücken zu entdecken. Auch der Lebenslauf von Herrn Rips enthielt im Negativbeispiel eine Lücke. Zwischen der Beschäftigung bei den *WerbeProfis* und der *Großhandel und Versand GmbH* klaffte eine Fehlzeit von drei Monaten. Bei seinem optimierten Lebenslauf vermeidet Herr Rips sorgsam unnötige Spekulationen über seinen damaligen Leerlauf. Mit der Angabe, dass er in dieser Zeit als *Start-up-Consultant* tätig war, wird die Lücke zeitlich und inhaltlich gefüllt. Vielleicht hat Herr Rips damals beruflich aufs falsche Pferd gesetzt und sich deswegen schnell wieder umoriertiert. Dies ist kein gravierender Mangel. Da die Angabe *Internetvertrieb von Werbemitteln* in diesem Zusammenhang auftaucht, ist sogar ein Beleg für den Draht zum Werbemittelvertrieb zu erkennen.

Leistungsbilanz

Überzeugend „Praxisbeispiele"

Herr Rips zeichnet in seiner Leistungsbilanz, die er *Berufliche Erfolge* nennt, für den neuen Arbeitgeber besonders interessante Projekte nach. Mit seinen Praxisbeispielen zeigt er, dass er erfolgreich arbeiten kann. Er ist ergebnisorientiert und hat sich auch in der Vergangenheit schon tatkräftig für das Unternehmenswohl eingesetzt.

Fazit

Mit einer gut ausgearbeiteten Leistungsbilanz, einem Anschreiben, das den Bewerbungsgrund plausibel macht und einem knappen, aber informativen Lebenslauf startet Herr Rips durch. Eine Einladung zum Vorstellungsgespräch hat er sich mit dieser Initiativbewerbung erarbeitet.

Initiativbewerbung für die Position Logistikplaner

Der Berufsweg von Georg Zogalla zeichnet sich aus durch erfolgreiche Arbeit. Und dennoch weiß er nur zu gut, dass ihm bei seinem jetzigen Unternehmen der Sprung auf eine Führungsposition mittelfristig nicht gelingen wird. Denn in seiner momentanen Position ist er für das Unternehmen unverzichtbar.

Für Herrn Zogalla heißt es nun, Initiative zu zeigen. Mit einer Initiativbewerbung möchte er sich bei einem Branchenmitbewerber als Führungskraft empfehlen. In der festen Überzeugung, dass sein guter Ruf ihm in der Branche vorauseilt, verwendet er nicht viel seiner wertvollen Zeit für die Erstellung der schriftlichen Unterlagen. Klappt es trotzdem?

> Investieren Sie ins Humankapital?

Dann sollten wir uns kennen lernen! <

Bin ich auf
einer Kaffeefahrt?

Sie halten die Bewerbungsunterlagen von
GEORG ZOGALLA
in den Händen, der sich auf diese Weise bei Ihnen
präsentieren möchte.

DIPL.-ING GEORG ZOGALLA
Westenbergstraße 45

90482 Nürnberg

Nürnberg, 24.03.2004

Auto AG
Postfach
70321 Stuttgart

Anfrage

Sehr geehrte Damen und Herren,

Suchen Sie …
einen Logistikplaner? Nein! Nicht mit so einem Auftritt!

Ich bin …
Logistikplaner, bin 38 Jahre alt, verheiratet und verfüge über vielfältige Erfahrungen in der Logistik.
welche?

Meine beruflichen Stationen …
- Facharbeiterausbildung
- Maschinenbaustudium
- Volontär

im Anschluss übernommen in feste Anstellung.
Na und?

Meine Kollegen sagen über mich … die Kollegen kenne ich aber nicht!
dass ich durchsetzungsfähig bin, Arbeitsabläufe schnell analysiere, ein hohes Know-how besitze und auch hohe Sozialkompetenz.

Ich möchte bei Ihnen anfangen, weil …
Sie in der Branche einen guten Ruf haben und die Konzentrationsprozesse sicher überstehen werden.

Jederzeit stehe ich Ihnen für ein Gespräch zur Verfügung, gerne auch persönlich
frommer Wunsch

Mit freundlichem Gruß

Dipl.-Ing. G. Zogalla

ausgebrannt ?

LEBENSLAUF

NAME:	Georg Zogalla
ADRESSE:	Westenbergstraße 45, 90482 Nürnberg
GEBURTSDATUM:	2. Mai 1966
GEBURTSORT:	Dortmund
FAMILIENSTAND:	glücklich verheiratet
KINDER:	3
STAATSANGEHÖRIGKEIT:	deutsch

SCHULISCHE GRUNDAUSBILDUNG:

1972 – 1981 Volks- und Hauptschule Gelsenkirchen

BERUFSAUSBILDUNG:	1981 bis 1984 Facharbeiterausbildung zum Schweißer, Zeche „Glück Auf", Gelsenkirchen
ZWEITER BILDUNGSWEG:	1984 – 1986 Berufsaufbau und FAchoberschule im Bildungszentrum MÖnchengladbach
WEHRDIENST:	1986 – 1987 Panzergrenadier beim Herr in Heide
STUDIUM:	1987 – 1991 Maschinenbaustudium and er Fachhochschule Kiel 1991 – 1995 Maschinenbaustudium an der Technichen Universität Aachen

Wann kommen die informationen ?

BERUFLICHE AUSBILDUNG:	1996 – 1997 Volontär bei der Ingolstadt AG
BERUFLICHE LAUFBAHN	1998 – 2001 Diplom-Ingenieur in der Logistik bei der Ingolstadt AG, Ablauforgan6sation ? und Versorgugn ?
Tätigkeiten?	2001 bis heute Logistiker im Motorenleitwerk der CNX AG, Niederlassung Nürnberg, verantwortlich für organisatorische Fragestellungen, die Programmplanung und Ablaufregularien
EHRENAMT:	Klassenelternbeiratsvorsitzender der Klasse R 7C der Grund-, Haupt- und Realschule Luitpold
FREIZEITGESTALTUNG:	Angeln

Dipl.-Ing. G. [illegible]

Durchschnitts-Bewerbung von uninteressierter Bewerber

Papierkorb!

Deckblatt

Fehler
„Gag als Aufmacher"

Deckblätter zu Bewerbungsmappen werden immer beliebter. Sie anzufertigen kostet nicht viel Mühe, und schnell ist der Einstieg in die Erstellung der Bewerbungsunterlagen geschafft. Geschafft sind aber auch Personalverantwortliche, wenn sie bereits auf dem Deckblatt mit „Bewerbergags" konfrontiert werden. Slogans wie *Investieren Sie ins Humankapital? Dann sollten wir uns kennen lernen* lassen einen kalten Schauer über den Rücken des professionellen Lesers laufen, verheißen sie doch meist nichts Gutes.

Fehler
„Nichtssagende Floskeln"

Dass ein Personalverantwortlicher Bewerbungsunterlagen in den Händen hält, ist ihm auch selbst klar. Der Hinweis von Herrn Zogalla *Sie halten die Bewerbungsunterlagen von … in den Händen* ist daher überflüssig. Statt nichtssagender Floskeln hätte der Bewerber lieber die mit der Initiativbewerbung angestrebte Position und den Adressaten seiner Unterlagen angeben sollen. Damit wäre auch der Eindruck einer Massensendung vermieden worden, der sich jetzt unweigerlich einstellt.

Anschreiben

Fehler
„Kurz, aber nicht aussagekräftig"

Wie nach dem „humorigen" Deckblatt schon zu befürchten war, schafft es der Bewerber nicht, ein aussagekräftiges Anschreiben zu fertigen. Er flüchtet sich in einen Telegrammstil, der aus seiner Sicht wohl Präzision und Durchschlagkraft vermitteln soll. Im Gegensatz zu seinen Absichten schafft es Herr Zogalla aber nicht, mit dem Anschreiben auf den Punkt zu kommen, sondern er verheddert sich in dem von ihm ausgeworfenen Netz. Bereits die erste Frage *Suchen Sie … einen Logistikplaner?* wird der angeschriebene Personalverantwortliche nach dem schludrigen Deckblatt und dem schlecht gestalteten Anschreiben mit einem eindeutigen *Nein!* beantworten.

Fehler
„Formalien nicht beachtet"

Die Adressierung des Anschreibens passt vorn und hinten nicht. Nicht nur, dass ein persönlicher Ansprechpartner fehlt, Herr Zogalla sendet sein Anschreiben sogar an ein *Postfach*. Eine Recherche darüber, welche Abteilung sich bei der Auto AG mit Einstellungsfragen beschäftigt, hat offenbar nicht stattgefunden. Kontaktdaten wie Telefonnummer und E-Mail-Adresse des Bewerbers fehlen. In der Betreffzeile taucht das Wort Bewerbung überhaupt nicht auf. Stattdessen wird dem Personalverantwortlichen eine *Anfrage* gesandt. In der Tat werden hier mehr Fragen aufgeworfen als beantwortet.

Fehler
„Kein Profil zu erkennen"

Das Profil von Herrn Zogalla wird in dem knappen Initiativanschreiben auch nicht ansatzweise erkennbar. Dass seine *Kollegen* angeblich über ihn sagen, dass er *durchsetzungsfähig* sei oder eine hohe Sozialkompetenz habe, hat ohne Belege aus der Berufspraxis keine Aussagekraft. Nicht genug damit, dass er im Soft Skill-Bereich mit Leerfloskeln operiert, auch das fachliche Profil wird nicht klar. Statt sein Qualifikationsprofil durch die Angabe der von ihm bisher wahrgenommenen Tätigkeiten nachzuzeichnen, listet er rein formal Ausbildungsstationen auf. Was dieser Bewerber im Bereich Logistik zu leisten vermag, bleibt sein Geheimnis.

Lebenslauf

Fehler „Schreibmaschinen-Layout“

Für einen Logistiker sollte der Umgang mit moderner EDV eigentlich selbstverständlich sein. Dennoch wirkt der Lebenslauf von Herrn Zogalla wie mit der Schreibmaschine getippt. Die in der linken Spalte aufgeführten Gliederungsüberschriften wirken unangenehm auseinander gezogen, so als hätte er Großbuchstabe, Leertaste, Großbuchstabe mechanisch eingetippt. Immer wieder gleitet Herrn Zogalla das Layout aus der Hand. Die Zeitdauer für das Maschinenbaustudium an der Fachhochschule Kiel ist im Gegensatz zu den anderen Zeitangaben gesperrt getippt, beim Geburtsort passt die Einrückung nicht.

Fehler „Fehlende Sorgfalt“

Sorgfalt lässt Herr Zogalla nicht erkennen. Ob dies ein Indiz für sein Vorgehen am Arbeitsplatz ist? Auf jeden Fall strotzt sein Lebenslauf vor Flüchtigkeits- und Rechtschreibfehlern. Meist steht zwischen den Jahreszahlen ein Bindestrich, zweimal aber das ausgeschriebene Wort *bis*. Wortanfänge werden mit zwei Großbuchstaben begonnen, wie bei *MÖnchengladbach* und *FAchoberschule*. Das Wort *Ablauforgan6sation* ist ebenso falsch wie das Wort *Versorgugn*. An sich schon genug Ablehnungsgründe, um diesem „Experten“ seinen Pfusch sofort wieder zurückzuschicken.

Fehler „Überbewertung des Titels“

Die eigene Berufsbezeichnung scheint dem Bewerber so wichtig zu sein, dass er sie sogar bei der Unterschrift am Ende des Lebenslaufes einfügt. Schon im Anschreiben hat er den *Dipl.-Ing* als erstes Wort aufgeführt und in die Unterschrift eingefügt. Man wird den Eindruck nicht los, dass Herr Zogalla mit dieser Formalie die mangelhafte Gestaltung seiner Unterlagen überdecken will. Legt er vielleicht mehr Wert auf Titel als auf erfolgreiche Arbeit?

Fehler „Keine Zeitleiste“

Die Zeitangaben von Herrn Zogalla sind unglücklich gewählt. Wegen der fehlenden Monatsangaben muss der Personalverantwortliche Lücken zwischen den einzelnen Stationen des Werdeganges vermuten. Zudem fehlt eine einheitliche Zeitleiste. Man könnte vermuten, dass auf diese Weise Fehlzeiten plump versteckt werden sollen.

Fehler „Zerstückelung“

Eigentlich für jede Angabe im Lebenslauf hat Herr Zogalla eine Zwischenüberschrift parat, insgesamt sind es 16 Überschriften! Das hat mit einer lesefreundlichen Strukturierung nichts mehr zu tun. Ankreiden muss man dem Bewerber auch, dass die Überschriften zum Teil recht skurril klingen. Was ist eine *Schulische Grundausbildung*? Einige Zeilen nach der Überschrift *Berufsausbildung* taucht die Überschrift *Berufliche Ausbildung* auf. Hat Herr Zogalla noch einmal ganz von vorne begonnen?

Fazit

Mit dieser Initiativbewerbung wird sich Herr Zogalla viel Zeit für seine *Freizeitgestaltung: Angeln* verschaffen. Absage!

Das Arbeitsfeld von Logistikplanern ist komplex und anspruchsvoll. Entsprechend umfangreich sind die Anforderungen an Bewerber. Herr Zogalla hat diese Unternehmenswünsche durch seine Recherche in Stellenanzeigen herausgefunden.

Stellenprofil Logistikplaner

Aufgaben in Stellenanzeige 1
- Projektmanagement
- Kostensenkung
- Sicherstellung von Lieferketten
- Mitarbeiterführung

Aufgaben in Stellenanzeige 2
- Reduzierung von Logistikkosten
- europaweite Betreuung der Aufbau- und Ablauforganisation

Geforderte fachliche Kenntnisse in Stellenanzeige 1
- einschlägige Berufserfahrung
- Ingenieurstudium

Geforderte fachliche Kenntnisse in Stellenanzeige 2
- Beschaffungs- und Produktionslogistik
- Automotive-Branchenerfahrung

Geforderte Soft Skills in Stellenanzeige 1
- Überzeugungskraft
- Motivationsfähigkeit
- Flexibilität

Geforderte Soft Skills in Stellenanzeige 2
- durchsetzungsstark
- Sinn für das Machbare
- unternehmerisches Denken

Für seine Initiativbewerbung hat Herr Zogalla einen interessanten Kontakt auf der Automobilausstellung IAA aufgebaut. Das Gespräch mit der Personalreferentin Frau Seyboldt war sehr ergebnisorientiert. Zur Vorbereitung der Initiativbewerbung ruft Herr Zogalla Frau Seyboldt noch einmal an. In dem Telefonat erfährt er, dass ihr die nachfolgenden Punkte wichtig sind.

Zusatzinformationen aus dem Messegespräch und dem Telefonat

- Realisierung bestandsminimierter Teileversorgung
- Betreuung produktionssynchroner Versorgungsnetze
- SAP-Kenntnisse

Nun gilt es, die umfangreichen Informationen mit dem eigenen Profil abzugleichen und in aussagekräftige Bewerbungsunterlagen zu überführen.

Georg Zogalla
Westenbergstraße 45
90482 Nürnberg
Tel. 09 11 / 342 22 33
E-Mail: georg.zogalla@freenet.de

ansprechend !

Initiativbewerbung Logistikplaner

bei der Auto AG

Motorenwerk VII

Georg Zogalla
Westenbergstraße 45
90482 Nürnberg
Tel. 09 11 / 342 22 33
E-Mail: georg.zogalla@freenet.de

Auto AG
Motorenwerk VII
Personalabteilung
Frau Erika Seyboldt

70501 Stuttgart

Nürnberg, 24.03.2004

Initiativbewerbung als Logistikplaner
Unser Gespräch auf der IAA Frankfurt und unser Telefonat von gestern

Sehr geehrte Frau Seyboldt, *ich erinnere mich*

vielen Dank für die informativen Gespräche. Meine Erfahrungen im Logistikbereich würde ich gerne nutzen, um im Motorenwerk VII die reibungslose Produktion sicherzustellen.

Momentan bin ich bei der CNX AG als Projektplaner tätig. In den vergangenen Jahren war ich für die Beschaffungslogistik und die Distributionslogistik verantwortlich. Aktuell bin ich mit der Programmplanung und Disposition betraut. Ein durchgängiges Merkmal meiner bisherigen beruflichen Tätigkeit ist die Realisierung bestandsminimierter Teileversorgung. In umfangreichen Projekten habe ich ausländische Produktionsstandorte in die Logistikkette eingebunden, Zulieferer integriert und produktionssynchrone Versorgungsnetze eingerichtet. ✓ *gut!*

Nach einem Studienabschluss als Diplom-Ingenieur (TU) bin ich direkt ins Automotive eingestiegen. Für die Ingolstadt AG habe ich in der Motorkonstruktion an der Optimierung der Abstimmung aller beteiligten Bereiche mitgearbeitet und anschließend die Logistik in der Motorenproduktion übernommen. ✓

SAP-Erfahrung bringe ich ebenso mit wie sehr gute Kenntnisse in der branchenüblichen Transportmanagement-Software und den logistischen Systemmodulen. Aus meiner internationalen Projektarbeit bringe ich auch sichere Englischkenntnisse in Wort und Schrift mit. ✓ *routiniert!*

Über die Einladung zu einem Vorstellungsgespräch würde ich mich freuen.

Mit freundlichen Grüßen

Anlagen

Georg Zogalla
Westenbergstraße 45
90482 Nürnberg
Tel. 09 11 / 342 22 33
E-Mail: georg.zogalla@freenet.de

Lebenslauf

Persönliche Daten

Geburtsdatum/-ort	02.05.1966 in Dortmund
Familienstand	verheiratet, 3 Kinder (14, 12 und 8 Jahre alt)

Berufspraxis

01/2001 – heute	CNX AG, Niederlassung Nürnberg, Motorenleitwerk, **Projektplaner Logistik**
06/2003 – heute	Programmplanung und Disposition Planung und Realisierung durchgängig beschaffungsorientierter Aufbau- und Ablauforganisationen, Wirtschaftlichkeitsrechnung *passt genau!*
01/2002 – 05/2003	Distributionslogistik Implementierung einer bestandsminimierten Aggregateversorgung im weltweiten Produktionsverbund der CNX AG, Einbindung ausländischer Produktionsstandorte, Leitung der Projektgruppe „Null-Fehler" *Führung!*
01/2001 – 12/2001	Beschaffungslogistik Einrichtung produktionssynchroner Versorgungsnetze, Zuliefererintegration, Sicherung der Transportkette bis zum Einbauort
01/1998 – 12/2000	Ingolstadt AG, Ingolstadt, Bereich Logistik, **Produktionsingenieur,** Produktionslogistik Tätigkeiten: Etablierung just-in-time-orientierter Materialabrufe für die Motorenproduktion, produktionsnahe Konzentration der werksinternen Lagerorte
01/1996 – 12/1997	Ingolstadt AG, Wolfsburg, Abteilungen Motorenproduktion und Motorkonstruktion, **Trainee** Tätigkeiten: Dokumentation, Prüfstandbetreuung, Qualitätssicherung Mitglied im interdisziplinären Projekt „Optimierte Bereichabstimmung"
06/1991 – 09/1991	Ingolstadt AG, Bremen, Produktion, **Produktionshelfer in der Motorenmontage**

Studium und Ausbildung

10/1991 – 11/1995	Technische Universität Aachen, Maschinenbaustudium
20.11.1995	**Diplom-Ingenieur (TU)** — hochgearbeitet!
09/1987 – 06/1991	Fachhochschule Kiel, Fachbereich Technik, Studium des Maschinenbaus
05.06.1991	**Diplom-Ingenieur (FH)**
08/1981 – 06/1984	Zeche „Glück Auf", Gelsenkirchen, Facharbeiterausbildung zum Schweißer
05.06.1984	**Schweißer,** Fachrichtung Instandsetzung

Wehrdienst und Schule

08/1986 – 09/1987	Panzergrenadierregiment Heide, **Wehrdienst**
08/1984 – 07/1986	Berufsaufbau- und Fachoberschule im Bildungszentrum Mönchengladbach
30.07.1986	**Fachhochschulreife**

Ausgewählte Weiterbildungen

12/2003	Training „Projektmanagement"
10/2003	Seminar „Organisationsentwicklung"
06/2002	Workshop „Teambuilding"
09/2000	Seminar „Qualitätsmanagement II"
03/2000	Seminar „Qualitätsmanagement I"

immer Neues dazugelernt!

Fremdsprachen

Englisch sicher in Wort und Schrift

EDV-Kenntnisse

WinWord (ständig in Anwendung)
Excel (ständig in Anwendung)
PowerPoint (gut)
MS-Project (gut)
CAR-Mais (sehr gut)
MobiLe-Febes (sehr gut)
SAP R/2 (gut)
SAP R/3 (gut, Logistikmodule ständig in Anwendung)

Klasse!

Nürnberg, 24.03.2004

Lebenslauf Georg Zogalla, Seite 2

Georg Zogalla
Westenbergstraße 45
90482 Nürnberg
Tel. 09 11 / 342 22 33
E-Mail: georg.zogalla@freenet.de

Leistungsbilanz

!!!

Tätigkeiten und Erfolge in der Logistikplanung

> Generell

Unterstützung des Leiters Logistikplanung in der Planung und Umsetzung von Strukturierungsprojekten innerhalb der Werklogistik;
Führung von bis zu 70 Mitarbeitern. ✓

> Speziell

Realisierung von Just-in-time-Projekten;
Neustrukturierung externer Versorgungsnetze;
Lieferanteneinbindung im Abrufverfahren;
Umsetzung eines ganzheitlichen Beschaffungs- und Versorgungskonzeptes;
Analyse und Optimierung europaweiter Aufbau- und Ablauforganisationen;
Errichtung LEAN-gerechter unternehmensübergreifender Prozessketten vom Lieferanten bis zum Verbauort;
Zertifizierung logistischer Geschäftsbereiche gemäß DIN/ISO 9002.

Ingenieur mit Leib und Seele!
→ aber auch Kosten im Blick

> Erfolge

Sicherstellung der Lieferketten;
Reduzierung von Logistikkosten;
Vermeidung eigener Lagerhaltung;
Standardisierung logistischer Kalkulationsverfahren;
Kostentransparenz.

✓ erfolgsorientierte Arbeitsweise

Zum AL einladen!

Deckblatt

Überzeugend „Ein souveräner Auftritt“

Herr Zogalla hat sich auch in der überarbeiteten Version seiner Bewerbungsmappe für ein Deckblatt entschieden. Diesmal überzeugt der erste Eindruck. Auf dem Foto präsentiert sich ein souveräner Bewerber, der es nicht nötig hat, mit irgendwelchen Gags aufzufallen. Das Deckblatt ist klar in die drei Bestandteile Kontaktdaten, Foto und Wunschposition/-unternehmen gegliedert.

Überzeugend „Individueller Adressat“

Das umworbene Unternehmen wird auf dem Deckblatt genannt. Hier handelt es sich also nicht um ein Bewerbungsrundschreiben. Auch über die Niederlassung, in der Herr Zogalla eingesetzt werden könnte, hat er sich vorab Klarheit verschafft. Er gibt daher nicht nur die *AUTO AG,* sondern auch das *Motorenwerk VII* an. Natürlich fehlt auch die angestrebte Wunschposition *Logistikplaner* nicht.

Anschreiben

Überzeugend „Durchgängiges Layout“

Die mit einer Hintergrundschattierung unterlegten Betreff- und Bezugzeilen orientieren sich in der Gestaltung an dem Deckblatt und kehren später auch in Lebenslauf und Leistungsbilanz wieder. Indem Herr Zogalla ein durchgängiges Layout verwendet, überzeugt er die Personalreferentin davon, dass es sich um eine speziell für ihr Unternehmen angefertigte Initiativbewerbung handelt.

Überzeugend „Feinarbeit zu erkennen“

Auch im formalen Bereich kann der Bewerber nun überzeugen. Seine Kontaktdaten enthalten in der überarbeiteten Version eine Telefonnummer und die private E-Mail-Adresse. Vor allem steht in der Unternehmensanschrift nicht nur *Postfach,* sondern Herr Zogalla gibt die richtige Postleitzahl *70501* an, die seine Unterlagen in das richtige Firmenpostfach leitet.

Überzeugend „Initiative gezeigt“

Dass es Herr Zogalla mit seiner Initiativbewerbung ernst meint, zeigt sich an der Mühe, die er aufgewendet hat, um eine geeignete Ansprechpartnerin für seine Bewerbung herauszufinden. Der Besuch der IAA ist in seiner Position und bei seiner Branchenherkunft sicherlich ein Muss. Herr Zogalla nutzte diesen Messebesuch jedoch, um sein Profil bei der *Auto AG* ins Gespräch zu bringen. Die Kontaktperson am Messestand hat er vor seiner Bewerbung noch einmal telefonisch kontaktiert. In der Bezugzeile verweist er auf die geführten Gespräche und kann sich damit die Aufmerksamkeit der Personalreferentin sichern.

Überzeugend „Profil herausgearbeitet“

Statt sich, wie im Negativbeispiel, rein formal hinter seiner Berufsbezeichnung Diplom-Ingenieur zu verstecken, geht Herr Zogalla diesmal detailliert auf seine Tätigkeiten ein. Er entfaltet mit der Nennung seiner Verantwortungsbereiche ein Profil, das seine umfassenden Erfahrungen in der Logistik sichtbar macht.

Lebenslauf

Überzeugend „Bewerber mit Biss“

Anhand der Blöcke *Studium und Ausbildung* und *Wehrdienst und Schule* kann der Personalprofi erkennen, dass es sich um einen Bewerber handelt, der sich beruflich „durchgebissen“ hat. Herr Zogalla hat seine Qualifikationen – beginnend mit einer Berufausbildung – beständig ausgebaut und sich immer weiter qualifiziert, bis ihm der Einstieg als Diplom-Ingenieur (TU) gelungen ist. Bewerber, die sich solcherart „hochgearbeitet“ haben, sind bei Personalverantwortlichen gern gesehen.

Überzeugend „Technik übersetzt“

Ein grundsätzliches Problem von Bewerbern aus dem technischen oder naturwissenschaftlichen Bereich hat Herr Zogalla vermieden. In seiner Selbstbeschreibung wimmelt es nicht von technischen Fachtermini, die dem Laien – in diesem Fall der Personalverantwortlichen – nichts sagen. Bei den Tätigkeitsbeschreibungen hat Herr Zogalla die erzielten Ergebnisse in den Vordergrund gestellt. Dadurch zeigt er, dass er erfolgs- und zielorientiert arbeitet.

Überzeugend „Am Ball geblieben“

Die Weiterbildungen, die Herr Zogalla aufführt, unterstützen die Einschätzung, dass es sich hier um einen lernwilligen und leistungsbereiten Initiativbewerber handelt. Mit Bedacht hat Herr Zogalla die Blocküberschrift *Ausgewählte Weiterbildungen* verwendet. Er nennt nur aktuelle Seminare und Trainings, die für die angestrebte Position *Logistikplaner* von Bedeutung sind.

Überzeugend „EDV im Griff“

Der Logistikbereich ist stark EDV-geprägt, daher gehören die Angaben zu den EDV-Kenntnissen zwingend mit in den Lebenslauf. Diesmal stellt Herr Zogalla seine umfassenden Kenntnisse gut heraus. Sowohl gängige Standardsoftware als auch branchenspezifische Spezialsoftware wird mit einer Bewertung aufgeführt. Eine optimale Abrundung eines vielversprechenden Bewerberprofils.

Leistungsbilanz

Überzeugend „Viel Erfahrung zugeschnitten“

Bewerber mit umfassender Berufserfahrung „leiden“ nicht selten darunter, dass sich ihr breiter Erfahrungsschatz in Anschreiben und Lebenslauf nicht auf den Punkt bringen lässt. Mit seiner Leistungsbilanz geht Herr Zogalla in die Offensive: Hier stellt er seine *Tätigkeiten und Erfolge in der Logistikplanung* heraus.

Überzeugend „Der richtige Mann“

Die stellvertretende Leitungsfunktion und die umfassende Führungsverantwortung zeigen, dass Herr Zogalla für Managementaufgaben in der Logistikplanung ausreichend Erfahrung und den nötigen Background mitbringt.

Fazit

Hier empfiehlt sich ein Wunschkandidat mit einer perfekten Initiativbewerbung. Eine Einladung zum Vorstellungsgespräch wird erfolgen.

Letzte Fragen vor dem Versand

Nachdem Sie auf der Grundlage eines Stellenprofils einen aussagekräftigen Lebenslauf erstellt, ein überzeugendes Anschreiben formuliert und die richtigen Anlagen ausgewählt haben, möchten Sie nun Ihre Initiativbewerbung auf die Reise zum Empfänger bringen. Auch auf dieser letzten Etappe des schriftlichen Bewerbungsmarathons können noch Fehler passieren.

Welche Mappe ist geeignet?

Die Wahl der Bewerbungsmappe ist zwar nicht der entscheidende Erfolgsfaktor, aber einige Standards sollten Sie bedenken. Auch bei einer Initiativbewerbung kommt es darauf an, wie Sie sich präsentieren. Dabei bleibt es Ihnen überlassen, ob Sie repräsentative Kunststoffmappen mit Klemmleiste verwenden oder zu speziellen Bewerbungsmappen (ausklappbar, sodass drei Schriftstücke auf einen Blick nebeneinander präsentiert werden können) greifen. Auf Reizfarben (lila, pink, violett) sollten Sie verzichten und stattdessen lieber gedeckte Farben verwenden. Achten Sie bei den Schriftstücken darauf, dass Sie eine durchgängig gute Papierqualität verwenden, sodass alles wie aus einem Guss erscheint. Es wäre doch schade, wenn die Qualität Ihrer Unterlagen nach dem Anschreiben und dem Lebenslauf radikal abfiele. Lassen Sie daher gut lesbare Kopien der Anlagen auf hochwertigem Papier erstellen.

Der letzte Check

Ein ganz wesentlicher Punkt ist die Endkontrolle, bevor Sie Ihre Initiativbewerbung versenden. Achten Sie nicht nur auf Rechtschreibfehler in Anschreiben und Lebenslauf. Überprüfen Sie auch, ob Sie Ihren Anschreiben den speziell für die Wunschposition angefertigten Lebenslauf zugeordnet haben. Falls Sie mehrere Bewerbungen verschicken und mit Textbausteinen arbeiten, müssen Sie unbedingt darauf achten, dass die Angaben einheitlich bleiben. Es kommt leider nicht selten vor, dass im Anschreibentext plötzlich ein anderer Name des Ansprechpartners auftaucht als in der Firmenanschrift. Für den Versand Ihrer Bewerbungsmappe sollten Sie einen B4-Umschlag wählen, sodass die Mappe im Umschlag auch wirklich plan liegen kann. Hier bieten sich Versandtaschen mit pappverstärktem Rücken an. Kontrollieren Sie auch, ob Sie Bewerbungsmappe und Versandtasche richtig zugeordnet haben. Es wäre mehr als peinlich, wenn der angeschriebene Personalverantwortliche ein Anschreiben erhielte, welches an ein anderes Unternehmen gerichtet ist.

Ihre Aktivitäten im Blick

Damit Sie den Überblick über Ihre Initiativbewerbungen behalten, bietet es sich an, einen Korrespondenzordner anzulegen. Dieser sollte das entsprechende Stellenprofil und die dazugehörigen Anschreiben und Lebensläufe enthalten. Vermerken Sie auch das Versanddatum sowie mögliche Eingangsbestätigungen der Firmen. Auf diese Weise behalten Sie immer den Überblick und können sich schnell orientieren, beispielsweise wenn Personalverantwortliche bei Ihnen anrufen.

Erste Reaktionen

Nachdem Sie Ihre Bewerbungsunterlagen versandt haben, warten Sie nun auf Rückmeldungen. Die Schnelligkeit und die Art und Weise, wie man auf Ihre Bewerbung reagiert, ist von Unternehmen zu Unternehmen sehr unterschiedlich. Ein Zwischenbescheid, dass Ihre Initiativbewerbung eingetroffen ist und nun weiter bearbeitet wird, ist nicht selbstverständlich.

Große Unternehmen übersenden oft als erste Reaktion einen standardisierten Personalerfassungsbogen. Sie werden dann gebeten, auf diesem Bogen in kurzen, prägnanten Stichworten nähere Angaben über Ihre Ausbildung, Ihre derzeitige berufliche Position und Ihren Gesundheitszustand zu machen. Der Personalerfassungsbogen ist jedoch kein Vorbote eines Arbeitsvertrages. Es handelt sich um eine rein verwaltende Maßnahme der Personalabteilung. Ein Urteil über Ihre fachliche Kompetenz und Ihre persönlichen Fähigkeiten wird mit dem Fragebogen nicht getroffen. Natürlich sollten Sie trotzdem den Bogen sorgfältig ausfüllen und zügig zurücksenden. Orientieren Sie sich dabei an den Hinweisen, die wir Ihnen zum Erstellen des Lebenslaufes gegeben haben.

Ihre Bewerbungsaktivitäten sollten nicht mit dem Versand der Unterlagen enden. Etwas Geduld müssen Sie zwar mitbringen, aber zu langes Warten muss nicht sein. Bringen Sie sich rechtzeitig wieder ins Gespräch. Sie können nach etwa zwei bis drei Wochen den Kontakt zum Unternehmen auffrischen. Rufen Sie an, um zu signalisieren, dass Sie es mit Ihrer Initiativbewerbung wirklich ernst meinen. Verscherzen Sie sich aber nicht das bisher aufgebaute Wohlwollen. Es bringt nichts, Personalverantwortliche unter Druck setzen zu wollen.

Achten Sie bei Ihrer Nachfassaktion darauf, dass Sie freundlich und sachlich bleiben. Auf inhaltliche Fragestellungen, wie „Glauben Sie, ich eigne mich für Ihr Unternehmen?“ oder „Hat Sie meine Bewerbung überzeugt?“, sollten Sie jedoch verzichten. Denn damit würden Sie den Eindruck hinterlassen, dass Sie stark unter Druck stehen. Beschränken Sie sich daher auf Fragen zum weiteren Fortgang des Auswahlprozesses. Erkundigen Sie sich beispielsweise so: „Wann kann ich mit einer Nachricht rechnen?“ Betonen Sie am Ende des Gespräches, dass Sie weiterhin sehr an einer Tätigkeit in dem betreffenden Unternehmen interessiert sind und sich über eine Rückmeldung freuen würden.

Mit Initiative zum Ziel

Diese Arbeitsmappe hat Ihnen gezeigt, was Sie alles tun können, um Ihrer Initiativbewerbung zu mehr Erfolg zu verhelfen. Sicherlich haben Sie auch gemerkt, wie schnell es passieren kann, dass sich Fehler einschleichen, die eine Bewerbung entwerten. Wie so oft steckt auch bei der Erstellung der Bewerbungsunterlagen der Teufel im Detail. Nehmen Sie sich daher genügend Zeit für die Ausarbeitung Ihrer Unterlagen. Bereits Bewerbungen auf Stellenanzeigen hin lassen sich nicht im Vorbeigehen erledigen. Und für Initiativbewerbungen werden Sie einen besonders hohen Einsatz bringen müssen. Für eine begrenzte Zeit haben Sie also neben Ihren beruflichen Aufgaben noch ein Zusatzprojekt zu bewältigen: das Projekt Initiativbewerbung.

Unsere zahlreichen Negativ- und Positivbeispiele haben Ihnen vor Augen geführt, was Sie tun können, um mit Ihrer Bewerbungsmappe zu überzeugen. Nutzen Sie die Anregungen, um an Ihrer eigenen Initiativbewerbung zu feilen: Arbeiten Sie Ihr individuelles Profil heraus, und präsentieren Sie Ihre Stärken nachvollziehbar. Sie selbst haben es in der Hand, sich so optimal wie möglich darzustellen. Es wäre doch schade, wenn Sie diese Chance verstreichen lassen würden.

Auch im weiteren Verlauf Ihrer Bewerbungsaktivitäten sollten Sie nichts dem Zufall überlassen. Mit dem Versand Ihrer Initiativbewerbung sind Sie einem neuen Arbeitsvertrag näher gekommen. Bis sie ihn unterschreiben können, warten aber noch weitere Hürden darauf, übersprungen zu werden. Damit Sie in Vorstellungsgesprächen von Fragen nach dem Grund Ihres Stellenwechsels, Ihren Stärken und Schwächen, Ihrem Umgang mit Vorgesetzten und Kollegen und Ihrer Arbeitsmotivation nicht überrascht werden, sollten Sie sich auch darauf rechtzeitig vorbereiten. Gefährden Sie Ihren guten Start ins Bewerbungsverfahren nicht durch einen wenig überzeugenden Auftritt im Vorstellungsgespräch. Unser Buch *Souverän im Vorstellungsgespräch. Die optimale Vorbereitung für Um- und Aufsteiger* macht Sie mit allen fairen und unfairen Fragen von Personalverantwortlichen vertraut. Wir stellen Ihnen nicht nur die gängigen Fragen, sondern auch sinnvolle Antwortmöglichkeiten vor, an denen Sie sich orientieren können.

Bleiben Sie „initiativ", und setzen Sie Ihre gründliche Vorbereitung, die Sie mit dieser Arbeitsmappe begonnen haben, bis zum erfolgreichen Abschluss Ihrer Bewerbungsaktivitäten fort. Wenn Sie eine persönliche Beratung wünschen, finden Sie unsere Angebote im Internet unter *www.karriereakademie.de.*

Wir wissen, dass es nicht immer einfach ist, zusätzliche Kräfte für die oft anstrengende Bewerbungsphase zu mobilisieren. Wir wissen aber auch, dass ein guter Auftritt im Bewerbungsverfahren das Selbstbewusstsein stärkt. Bei der Aufbereitung Ihrer Initiativbewerbung sind Ihnen sicherlich auch Ihre bisherigen beruflichen Erfolge sichtbar geworden: Sie haben etwas zu bieten. Präsentieren Sie sich im Bewusstsein Ihrer Stärken, und bekennen Sie sich zu Ihrer Individualität.

Für Ihre schriftliche Bewerbung wünschen wir Ihnen viel Erfolg!

Christian Püttjer und *Uwe Schnierda*

Wir sind für Sie da

Püttjer & Schnierda: Coaching und Beratung

Unsere Angebote:

- Entwicklung von Bewerbungsstrategien
- Bewerbungsmappen-Check
- Vorbereitung auf Vorstellungsgespräche
- Assessment-Center-Intensivtraining
- Karriereplanung
- Führungskräfte-Coaching

Preise und weitere Details zu den einzelnen Beratungsmodulen finden Sie im Internet unter www.karriereakademie.de

Püttjer & Schnierda
Raiffeisenstraße 26
24796 Bredenbek / Naturpark Westensee
Telefon (0 43 34) 18 37 87
Fax (0 43 34) 18 37 90
E-Mail team@karriereakademie.de

Die Bewerbungsmappe mit Profil für die erfolgreiche Initiativbewerbung

Christian Püttjer und *Uwe Schnierda* arbeiten seit 1992 als Trainer und Berater in den Bereichen Karriere, Bewerbung und Rhetorik. Ihre Erfahrungen aus Bewerbungsmappen-Checks, Einzelberatungen und Seminaren haben sie, angereichert durch viele Tipps und Übungen, in zahlreichen Ratgebern veröffentlicht. Bei Campus erscheinen von Püttjer & Schnierda unter anderem *Die erfolgreiche Initiativbewerbung, Jetzt wechsle ich den Job!* und *Überzeugen mit Anschreiben und Lebenslauf.*
Mehr Informationen zu Coaching und Beratung durch die Autoren finden Sie auf Seite 143.